质量发展研究系列丛书

新常态下国家质量技术基础功效、挑战与对策

国家质量监督检验检疫总局发展研究中心 著

中国标准出版社
北 京

图书在版编目 (CIP) 数据

新常态下国家质量技术基础功效、挑战与对策 / 国家质量监督检验检疫总局发展研究中心著.
—北京：中国标准出版社，2018.2
ISBN 978-7-5066-8929-8

Ⅰ. ①新… Ⅱ. ①国… Ⅲ. ①质量检验—工作—研究—中国
Ⅳ. ①F279.23

中国版本图书馆CIP数据核字（2018）第062688号

出版发行	中国标准出版社	印　刷	中国标准出版社秦皇岛印刷厂
	北京市朝阳区和平里西街甲2号（100029）	版　次	2018年2月第1版　2018年2月第1次印刷
	北京市西城区三里河北街16号（100045）	开　本	710mm × 1000mm　1/16
	总编室：(010) 68533533	印　张	11.25
	发行中心：(010) 51780238	字　数	146千字
	读者服务部：(010)68523946	书　号	ISBN 978-7-5066-8929-8
网　址	http：//www.spc.net.cn	定　价	33.00元

如有印装差错　由本社发行中心调换

丛书编委会

新常态下国家质量技术基础功效、挑战与对策课题组

课题总负责人　付文飙

课题执行负责人　贾玉奎

课题组成员　赵陕雄　李　雷　杨雪莹
杜远举　刘延军　李婷婷
周学广　许晓凤　钟永明

特别鸣谢

质检总局办公厅、质量司、科技司、计量司，国家认监委、标准委，内蒙古自治区质监局、甘肃省质监局、广西壮族自治区质监局、江苏省质监局、吉林省质监局、杭州市质监局

前言

自18世纪中期工业革命开启以来，质量就是一个国家兴旺强盛的根基。从某种意义上说，大国与强国之间的根本区别就是质量。改革开放以来，我国经济飞速发展，一跃成为全球第二大经济体和世界第一大货物贸易国，我国质量总体水平稳步提升，质量安全形势稳定向好，有力地支撑了经济社会发展。不过，我国的质量供给水平，特别是在中高端产品和服务供给方面，与发达国家相比仍然存在着不小差距。我国虽然已是“制造大国”，但还不是“制造强国”，迫切需要下最大气力抓全面提高质量。

党的十九大报告将质量提到了新的战略高度，提出必须坚持质量第一、效益优先，建设质量强国。2017年中央经济工作会议提出要“推动中国制造向中国创造转变、中国速度向中国质量转变、制造大国向制造强国转变”。习近平总书记明确提出，供给侧结构性改革的主攻方向是提高供给质量，提升供给体系的中心任务是全面提高产品和服务质量，要树立质量第一的强烈意识，下最大气力抓全面提高质量，开展质量提升行动，提高质量标准，加强全面质量管理。李克强总理也指出，中国经济要再创奇迹、再创辉煌，就必须着力在提升质量上下工夫，以质量的提升“对冲”速度的放缓，把经济社会发展推向“质量时代”。质量工作纲领性文件《中共中央 国务院关于开展质量提升行动的指导意见》（以下简称《指导意见》）出台，这是坚定不移走质量强国路、加快实现“中国梦”的战略举措。质量与伟大复兴中国梦的关联从未如此紧密，质量比以往任何时候都更加重要。

“树高千尺离不开根。”全面提升质量，建设质量强国，离不开坚实的质量技术基础（Quality Infrastructure，QI）支撑。质量技术基础是质量治理的技术支撑，是科技进步的重要内容，是产业升级的基础保障，是国际贸易的关键环节。重视质量技术基础者，将创造历史；忽视质量技术基础者，将成为历史。

近十年来，世界贸易组织（WTO）、世界银行、联合国贸发组织（UNCTAD）、联合国工业发展组织（UNIDO）和国际标准化组织（ISO）等国际性组织持续推动世界各国重视、加强国家质量技术基础的建设。

当前，世界主要发达国家、地区纷纷将国家质量技术基础纳入国家发展战略。如美国国会颁布质量促进法案，将计量、标准列入国家全球战略，并为美国国家标准和技术研究院提供双倍经费支持，每年投入近10亿美元，主要支持基础性公益性计量技术和标准研制；欧盟提出“地平线2020计划”，投入137.57亿欧元资金，支持生物、信息通信、先进制造和加工技术等方面的研究、示范、标准化和认证；德国实施“以质量推动品牌建设、以品牌助推产品出口”的国策和“工业4.0”计划，将标准作为核心战略；日本实施“质量救国”政策，研究制定“知的基盘”政策体系构架，由首相牵头研究制定日本国际标准综合战略；韩国提出国家质量经营战略框架，总理担任国家标准理事会理事长，等等。

近年来，我国在战略规划层面稳步推进国家质量技术基础建设。《指导意见》《质量发展纲要（2011—2020年）》《中国制造2025》《国家科技创新“十三五”规划》《国家中长期科技发展规划纲要》等一系列重要文件，都对国家质量技术基础建设进行了全面部署。“一带一路”“京津冀协同发展”“长江经济带”三大战略明确要求加强国家质量技术基础建设。经过不懈努力，我国国家质量技术基础全面夯实，国家质量技术基础对经济社会发展的综合支撑作用愈发凸显。

各地区、各部门也高度重视质量技术基础工作。全国31个省（区、市）制定计量发展规划或指导意见，浙江、广东等19个省（区、市）专门出台了标准化发展战略规划，2016年上海市政府出台《上海市技术基础发展和改革“十三五”规划》和《上海市检验检测条例》，明确部署了技术基础的工作任务。这些规划从高位推动质量技术基础发展，大力促进了区域经济提质增效升级。

质量时代揭开了深入研究质量技术基础的大幕。2015年10月22日，国务委员王勇在听取国家质量监督检验检疫总局（以下简称质检总局）有关工作情况汇报后专门强调，要“开展国家质量技术基础设施的研究”。为此，科技部、质检总局等多个部门专门实施了国家质量技术基础建设重大专项，包括技术标准创新专项、计量基础能力建设专项、检验检测认证能力提升专项和质量科学研究工程，并整体列入《国民经济和社会发展“十三五”规划》。

在这样的背景下，我们启动了“新常态下国家质量技术基础功效、挑战与对策”研究。以包括计量、标准、认证认可、检验检测在内的国家质量技术基础为主要研究内容，通过以“点”窥“面”，广泛收集、调查、分析各类数据，在做好对五省一市计量、标准、认证认可、检验检测机构和企业质量技术基础的研究基础上，坚持“两点论”，注重辩证研究、实证研究和比较研究，用事实和数据说话，梳理西方国家提出国家质量技术基础（NQI）的背景，分析NQI在新一轮科技革命和产业变革中的历史功能；从新业态和传统业态的典型案例入手，讨论新常态下我国国家质量技术基础与强国、立业、转型、民生等的关系；分析NQI对建设质量强国、推进创业创新和供给侧结构性改革的重大作用，以及促进经济社会发展的巨大效益。力图以问题为导向，深入分析新常态下NQI面临的挑战和必须跨越的障碍，揭示挑战背后所寓含的关键性保障因素，找到主要成因和深层次影响因素，提出NQI发展的战略思路和咨政建议，为推动经济转型升级、促进中国特色国家质量技术基础体制机制的发展提供参考。通过对五省一市 2300 余家企业的问卷调查，摸清了我国质量技术基础在企业层面的基本情况；通过对质量技术基础国内外情况的比较研究，研判了国家质量技术基础发展的国际趋势；通过对企业、产业、地区、国家、区域等几个层面的案例分析，论述了国家质量技术基础的重要作用；通过对北京、上海、内蒙古、山西、安徽、甘肃等省（区、市）实地走访调研，了解了我国国家质量技术基础的战略形势和发展现状，在认真思考的基础上，初步提出了面向未来的国家质量技术基础发展策略与建议，形成了研究报告，交给中国标准出版社出版。

囿于学识、眼界和研究能力，疏漏之处在所难免，敬请批评指正。

新常态下国家质量技术基础功效、挑战与对策课题组

2017 年 12 月 7 日

目录

第一章　国家质量技术基础概念的嬗变

随着经济全球化和自由贸易的发展，过去由 MSTQ（Metrology，Standardization，Testing and Quality Assurance）所代表的概念已经不能够充分反映标准、计量、认证认可、检验检测作为一个整体在推动经济社会可持续发展中的作用。国家质量技术基础（National Quality Infrastructure，NQI）的概念应运而生。MSTQ 重新被命名为 NQI，标志着国际社会对标准、计量、合格评定（认证认可和检验检测）的认识发展到一个新的时期。国家质量技术基础的命名和定义，突出了其功能属性，体现了国家质量技术基础的系统性、制度性、技术性、基础性、国际性等特性。黑格尔有一句名言："离开身体的手，只是名义上的手"。"国家质量技术基础"这一新概念从本质意义上来说，是对标准、计量、合格评定这三只"手"之间，以及每只"手"与国家质量技术基础之间，作为一个有机体具有的不可分割、不可替代性的有力阐释和证明。

一、国家质量技术基础概念的起源与发展

虽然标准、计量、合格评定作为支撑质量管理、促进质量提升的有效手段，已经在工业生产、商贸流通、百姓生活等经济社会活动中广泛应用，但是三者作为一个整体而被命名，却还只是十多年前的事情。

2005 年，联合国国际贸易中心（ITC）发布报告《出口战略创新：应对质量保障挑战的战略方法》，首次提出"NQI"的概念。这份报告是联

合国国际贸易中心（ITC）在马来西亚举办的管理层论坛上的结论性文件。

在国家质量技术基础（NQI）提出之前，国际上常以MSTQ、SQAM和SCAM等缩略语表述由计量、标准、认证认可和检验检测组成的国家质量基础体系。联合国国际贸易中心（ITC）、德国联邦物理技术研究院（PTB）等组织机构发布的多份学术报告中指出，用MSTQ、SQAM和SCAM等缩略语，表述计量、标准、质量保障、认可、检测和认证等不同的组合，让人感觉有些混乱，各个缩略语使用的地区和范围也有限，因此，创造一个能够更普遍使用的新词组是非常有益的。

联合国国际贸易中心（ITC）[①] 2005年发布的报告《出口战略创新：应对质量保障挑战的战略方法》首先定义了“QI”的内涵。报告指出，QI可以被理解为实施标准化和合格评定（检验检测、认证认可和计量）的总体框架，以提高产品、过程和服务的质量，消除贸易壁垒，促进技术合作[②]。报告给出了“QI”的定义，也提到了NQI，但是，对NQI的概念并未深入阐述。

2006年，德国联邦物理技术研究院（PTB）发布的报告《QI：对企业的商业环境非常重要》中，强调了QI的系统性特征。报告解读说：什么是QI？随着经济全球化和消费者意识提升，人们开始使用新的术语：QI。QI涵盖了计量、标准、检验检测、认证认可、质量管理和合格评估的各个领域。新的名称不仅有助于使普通人更容易理解该术语，而且有助于人们接受QI的系统性特征。报告指出，QI是一组只向有关专家提供的信息

---

① 一些文献提出：“联合国贸发组织和世界贸易组织首次提出NQI的概念”，这样的说法并不很准确。联合国国际贸易中心（International Trade Center，ITC）是联合国和世界贸易组织联合设置的机构。

② 原文：Basic definition：A quality infrastructure can be understood as the totality of the institutional framework，whether public or private，the output of which includes the process of formulating，issuing and implementing standards（i. e. to establish with regard to actual or potential problems，provisions for common and repeated use，aimed at the achievement of the optimum degree of order in a given context）and the associated evidence of compliance（i. e. the relevant mix of inspection，testing，certification，metrology and accreditation），in order to improve the suitability of products，processes and services for their intended purposes，prevent barriers to trade and facilitate technological cooperation.

“代码”。生产商和消费者每天都会使用其组成元素，但不会始终意识到QI。这是因为这些组件的工作通常是不可见的。螺栓适合螺母，手机连接你我，药物成分正确配比，这种无条件的信任是建立在高度有效的质量基础体系之上的。①

阿拉伯科学技术学院质量与竞争力系主任 Sherif El Araby② 教授在《QI：提升国家竞争力之路》中指出：QI 是基于许多紧密联系的组成元素而建立的，这些元素形成了一个网络，该网络的逻辑联系是基于技术层级制度的。一个国家的这个网络必须符合国际要求，只有满足这些要求才能实现国际商品交易和服务交流。QI 涵盖计量、标准、测试、质量管理、认证和认可的各个方面，包括框架内公私机构和规章制度。③

QI 概念提出后，可谓“忽如一夜春风来，千树万树梨花开”，NQI 一词开始在学术文献、会议论坛等报道中频频出现，但关于 NQI 概念的内涵鲜见论述。联合国欧洲经济委员会（UNECE）在一份报告中指出：“对NQI 没有统一的定义，但人们普遍认为，NQI 是由计量、标准和合格评估

---

① 原文：What is quality infrastructure? Globalization of the international economy and increased consumer awareness have added a new entry to the world of jargons: quality infrastructure. This term relates to all the fields of metrology, standardization and testing, of quality management and conformity assessment, including certification and accreditation. In the past, the abbreviation MSTQ (Metrology, Standardization, Testing and Quality Assurance) was used for this combination of single elements. The new designation was not only helpful in making the terminology easier to understand beyond the circles of experts, but it has also helped to embrace the systemic character of QI. Quality infrastructure is a “code” which gives information only to experts on the existing relationships. Producers and consumers make daily use of its components without always being aware of it. This is intentional as the workings of these components are usually invisible. Bolts fit nuts, mobile phones connect and substances in drugs are correctly dosed. This blind trust assumes a high degree of general regulatory conditions and technical possibilities.

② Sherif El Araby Professor, Dean of Productivity and Quality Institute, Vise President for Quality Assurance-Arab Academy for Science, Technology & MaritimeTransport, President of National Quality Institute.

③ 原文：A quality infrastructure is based on a number of components. These are closely related and form a network whose logical links are based on a technical hierarchy. This national network must be geared to international requirements. Only if these requirements are met are international commodity trading and an exchange of services possible. Quality infrastructure refers here to all aspects of metrology, standardization, testing, quality management, certification and accreditation that have a bearing on conformity assessment (abbreviated as MSTQ). This includes both public and private institutions and the regulatory framework within which they operate.

活动组成，且包括认可。”①

2011 年，世界银行发布的研究报告《市场经济下 NQI 的结构》中，对 NQI 的概念进行了界定。这份报告将 NQI 定义为：“公共或私人机构实施标准化、合格评定（检验、检测、认证）、计量、认可的体制框架。”②2011 年，世界银行发布的报告《东欧与中亚在全球竞争中的质量治理》主要介绍了东欧和中亚地区各国国家质量技术基础设施的组织架构、在经济社会发展中的作用及质量升级政策等方面内容。该报告再次明确了国家质量技术基础的定义及框架，阐述了市场经济国家中国家质量技术基础的演变模式，提出存在从商业组织管理向公共部门管理过渡的临界点。同时，该报告还提出了建设国家质量技术基础的公共干预理论，认为政府干预国家质量技术基础的理由包括三方面，一是质量升级具有外部性，质量技术基础设施的某些功能可视为公共产品，不具排他性；二是政府需要对质量技术基础设施发挥监管职能；三是国家质量技术基础设施是国际贸易政策的重要内容。

2013 年，世界银行发布的报告《NQI：提高竞争力，促进贸易发展与实现社会稳定的有效方式》中强调：“NQI 是一个系统化框架，它建构并实施标准化实践，包括合格评估、计量与认可。”③

2013 年，世界银行发布了《全球质量挑战的应答——NQI》报告，在该报告中详细论述了 NQI，提出了 NQI 核心要素包括标准、计量、检验检测、认证认可。该基础应用于所有产品和服务，从而保证这些要素能够满足顾客、制造商或监管者的需求。

国际标准化组织（ISO）2012 年发布的《合格评定建立信任》报告中

---

① 原文：There is no agreed definition of Quality Infrastructure, but is widely understood to be made up of metrology, standards development and conformity assessment activities, including accreditation.

② 原文：This book defines an NQI as the public or private institutional framework required to establish and implement standardization, conformity assessment services (inspection, testing, and certification), metrology, and accreditation.

③ 原文：The national quality infrastructure (NQI) is the institutional framework that establishes and implements standardization, including conformity assessment services, metrology, and accreditation.

指出："计量、标准和合格评定是一个国家的质量基础"。

美洲认证合作组织（IAAC）在 2014 年发布的报告《在美洲的 QI》中指出："NQI 是提供框架和服务的国家制度，旨在提升本地以及国外市场上产品和服务的质量与安全。"①

美洲质量技术委员会把 NQI 定义为：能在国内外市场提供一种框架，并提高产品、服务质量与安全水平的国家机构。

德国联邦物理技术研究院在《关于国家质量政策的几点思考》的报告中指出："NQI 是涵盖建立和实施标准、计量（科学计量、工业计量和法制计量）、认可和合格评估服务（检验、测试、产品与系统认证）等内容的（公共或私人）体制框架的综合，通过提供可靠的证据，证明产品和服务符合规定要求，包括政府（技术法规）或市场（合同或约定俗成）要求。"②

牙买加工业、农业和渔业部出版的《强劲的 NQI 为扩大本地生产商品贸易创造机会》中指出："NQI 是基于国际基准，提升本地产品和服务质量、强化标准门槛的平台。"③

特立尼达和多巴哥标准局 2013 年发布的《关于可持续发展与竞争力》的报告中提出："NQI 可以被定义为人、系统与组织高度融合的体系，涵盖科研以及产品、服务、过程的质量提升等。"④

美国学者 Goncalves 把 NQI 定义为：所有在法律框架下管理标准化的公共或者私人机构的总称，他们能够应对多种情况，形成、修改和实施标

① 原文：The NQI are the national institutions that provide the framework and services to advance the quality and safety of products and services offered in local and foreign.

② 原文：The National Quality Infrastructure is taken as the totality of the institutional framework (public or private) required to establish and implement standardization, metrology (scientific, industrial and legal), accre-ditation and conformity assessment services (inspection, testing and product and system certification) necessary to provide acceptable evidence that products and services meet defined requirements, be it demanded by authorities (technical regulation) or the market place (contractually or inferred).

③ 原文：The National Quality Infrastructure (NQI) is a platform to strengthen the quality and standard threshold for locally produced goods and services based on international benchmarks.

④ 原文：A National Quality Infrastructure (NQI) can be defined as a highly integrated network of people, systems and organisations involved in the research, definition, development and promotion of quality goods, services and processes.

准，且能够提供与标准相关的计量、认证、检验检测等相关证明。

从国际组织、知名机构、专家学者等对NQI的定义看，NQI是一个国家建立和执行标准、计量、认证认可、检验检测等所需的总体架构的统称。国际上对NQI的认识，强调了其系统性、架构性、基础性等特点。至今，国家质量技术基础的概念已为国际社会广泛接受。

国家质量技术基础的起源与发展见图1－1。

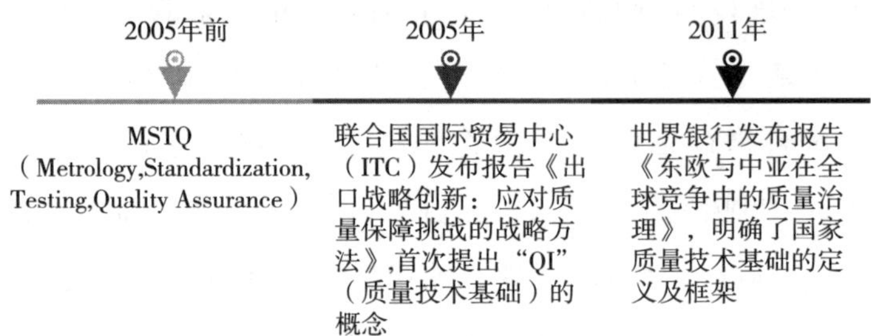

图1－1　国家质量技术基础的起源与发展

从国内情况看，我国对国家质量技术基础概念的研究与思考几乎与国际同步。

2007年，国内出版的第一部关于NQI的译著《解决全球质量问题的终极答案：国家质量基础设施》以及一些报告中，NQI被译为“国家质量基础设施”。后来，考虑到汉语“基础设施”一般指铁路、桥梁等硬件设施，而英文“Infrastructure”既包括“硬的Infrastructure”，也包括“软的Infrastructure”。如果将NQI译为“国家质量基础设施”，容易让人误解为NQI是指硬件设施，这与NQI的实际内涵相脱节相背离。另外，考虑到国家质量技术基础中包括的计量、标准、检验检测、认证认可四要素的技术性很强，所以我国将NQI翻译为“国家质量技术基础”，此后“国家质量技术基础”在国内各研究报告、学术文章以及汇报中得到广泛运用。

质检总局局长支树平在2015年春季主笔完成的重要学术文献《新常态下国家质量技术基础建设研究》中，深刻阐述了什么是国家质量技术基础，提出：国家质量技术基础是指一个国家建立和执行标准、计量、认证认可、检验检测等所需的质量体制框架的统称，包括法规体系、管理体系、技术体系等。与交通、通讯、水利、文化教育、医疗卫生等基础设施一样，国家质量技术基础也是保障经济和社会发展的基础。

2016 年 9 月，上海市政府发布《上海市技术基础发展和改革“十三五”规划》，这个规划中的“技术基础”是指为经济、社会和科技发展提供技术支撑的，所有与量值获取、维护和使用有关的，以量的确定、量的统一、量的规范和量的确认为基本特征的共性技术、基础设施、运作模式和社会管理，主要涉及到检验检测、计量、标准化和认证领域，该定义与国家质量技术基础一脉相通，体现了国家质量技术基础的四个要素关于“量”的基本特征，衔接了国家质量技术基础理论体系和总体框架，扩充了国家质量技术基础的内涵。

综上所述，国内外知名机构、专家学者对国家质量技术基础的认识并不完全一致。从相关文献看，总体上可分为狭义的国家质量技术基础和广义的国家质量技术基础。狭义的国家质量技术基础是指一个国家和地区建立和执行计量、标准、认证认可、检验检测等所需质量体制机制框架的统称，既包括法规体系、管理体系、技术体系等“软件”设施，也包括检验检测仪器设备、实验室等“硬件”设施。广义的国家质量技术基础包括企业、产业、国家三个层面的质量技术基础及其设施。

鉴于 NQI 的中文译名存在多种说法，进而对 NQI 的内涵产生不同的理解，需要对 NQI 的概念进行界定。本文中的 NQI，是指由计量、标准、合格评定（包括认证认可和检验检测）共同构成的“国家质量基础体系”。这个概念区别于“国家质量基础设施”这个提法，不仅包括由计量院、标准院及实验室等构成“硬件设施体系”，也包括由计量、标准、合格评定等构成的“技术软件体系”。这个概念也区别于“国家质量基础”这个提法，不包括“质量文化基础”等质量基础，而是指由具有相互联系、相互作用的质量基础元素组成的系统，这些基础元素就是计量、标准、合格评定。质量文化虽然属于质量基础，但不属于计量、标准、合格评定构成的质量基础系统。

二、国家质量技术基础的特性

对 NQI 特性的认识，关乎如何解析其未来定位，关乎其改革发展。例如，对 NQI 的性质有这样一个看法：NQI 是纯技术的，可以完全交给市场，“属于高技术服务业也好，或是生产性服务业也罢，说来说去跑不出服务业”。这种认识有失偏颇。理清 NQI 的特殊属性，是厘清 NQI 发展方向的逻辑起点。

NQI 到底具有什么样的特性？可谓“横看成岭侧成峰”，视角观点各不相同，完全迥异的说法散见于不同的学术文章、新闻报道和领导讲话中。从中国知网等数据库的搜索结果看，国内系统、全面、专门研究 NQI 特性的文献并不多见。梳理主流文章谈及 NQI 属性的观点，大体可分为两类：

一类是“三重属性说”，认为 NQI 具有技术属性、生产属性和贸易属性等三重属性，相关文献从技术、现代化大生产、贸易便利化等视角对质量技术基础的基本特征进行了审视和论证。

另一类是“多重属性说”，认为 NQI 具有“技术性、专业性、系统性、国际性”等属性，相关文献只提出了观点但没有展开深入论述。

两类观点都很有见地，开启了 NQI 特性研究的一扇门窗。从国家质量技术基础概念的内涵和嬗变来看，我们认为，国家质量技术基础具有系统性、技术性、制度性、基础性、国际性等多重属性。

（一）系统性

从国际文献看，世界银行、德国联邦物理技术研究院等诸多组织和机构都明确强调了 NQI 的系统性。德国联邦物理技术研究院在《QI：对企业的商业环境非常重要》报告中谈到 QI 和 NQI 的起源时强调：“随着经济全球化和消费者意识提升，人们开始使用新的术语 QI，新的名称有助于人们理解 QI 的系统性特征。”世界银行在《NQI：提高竞争力，促进贸易发展与实现社会稳定的有效方式》报告中开宗明义：“NQI 是一个系统化框架”。从 NQI 的内部作用机理看，标准与合格评定的基准来源于计量，计量与合格评定的依据来自于标准，合格评定推动标准实施和计量溯源水平提升，三者互相依存、密不可分，形成一个完整的系统。从 NQI 的外部作用机理看，标准提供质量水平的依据，计量提供质量管控的量值基准，合格评定管控质量并建立质量信任，三者相辅相成、协同作用，实现量的规范、量的统一、量的确定和量的确认，形成完整体系，支撑质量安全和质量发展，如图 1-2 所示。

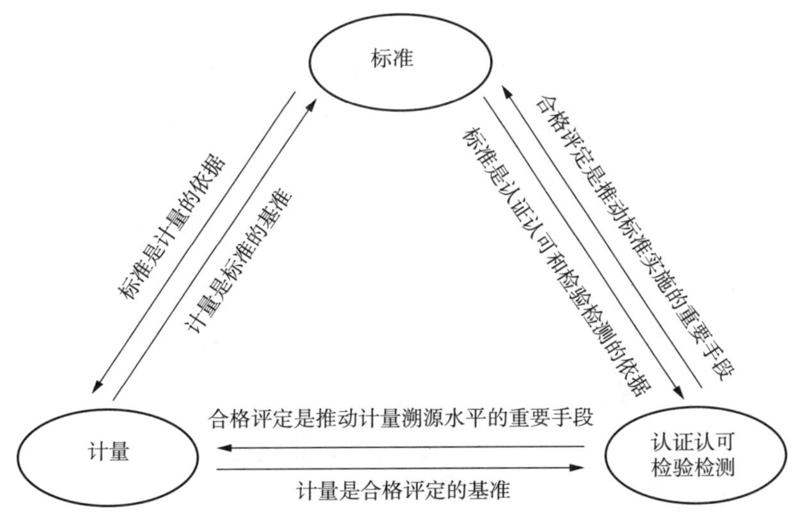

图 1-2　国家质量技术基础的闭环系统

（二）技术性

技术性是 NQI 的最先被社会认知的一个特性。回顾 NQI 及其要素的产生和发展历程，不难看出，以技术形态呈现的 NQI，从诞生开始就与技术联姻，它的每一个具体元素、每一个实施步骤都打着技术的烙印，或者以技术为核心，或者渗透了多种技术。技术是 NQI 存在和发展的逻辑起点，技术进步推动着 NQI 的发展，技术含量决定了 NQI 体系的质量水平。NQI 支撑着技术的传承与创新，搭建起科技成果转化为现实力的桥梁纽带，是技术变革的重要平台。

（三）制度性

区别于普通技术，NQI 既有技术属性，又有制度属性。法制计量、强制性标准、强制性认证是 NQI 制度属性的最直接体现。从远古的秦始皇统一度量衡，到当代的技术性贸易措施，NQI 自古至今，一直作为一种国家制度体现着国家主权，维护着国家利益。从时代功能看，NQI 是现代市场经济的一项基础性制度安排，是市场经济体制有效运行的重要保障。比如在贸易中，计量维护贸易公平，标准化实现接口一致，合格评定增进交易信心，NQI 有力支撑着国内外贸易，有效推进着贸易便利化。国务院发展研究中心开展的一项关于认证认可的国家“十五”科技攻关计划项目报告中明确指出：“认证认可是现代市场经济的一项基础性制度安排。”从实际作用看，NQI 用技术建立秩序，用体系维护秩序，已成为现代社会建构和维护生产秩序、贸易秩序的基础制度，是促进国家治理乃至全球治理的重要规则。这些技术制度在提升质量、促进发展、保障安全等方方面面发挥着巨大作用，成为现代文明的重要标志之一。当然，NQI 具有制度性，并不代表 NQI 的每个要素都有制度性，它也有非制度性的一面，比如完全市场化的检验检测等。

（四）基础性

螺栓之所以能适合螺母，手机之所以能连接你我，是因为建立于 NQI 基础之上。对企业来说，NQI 是各类企业正常经营的基础，融入生产销售的每个环节，是构建企业质量管理体系、获得市场通行证的基础支撑，有利于企业保障、提升产品质量，增强市场竞争力。对政府来说，NQI 是各国政府实施产品监管和市场监管的基础，是构建国家质量管理和市场监督体系的基础支撑，有利于降低政府监管成本、减少行政风险、优化资源配置。对社会来说，NQI 就像空气和血液一样，融入社会化大生产和日常经济贸易活动中，是各类社会经济活动的基础工具。对国家来说，NQI 广泛深入到经济建设、内政外交、军事国防等诸多领域，是国家参与国际合作竞争、维护国家利益的基础工程。对国际来说，联合国工业发展组织（UNIDO）和国际标准化组织（ISO）认为，计量、标准、合格评定已经成为未来世界经济可持续发展的三大支柱。可以说，现代社会 NQI 须臾不可或缺，在经济社会发展中发挥着不可替代的基础性作用。

（五）国际性

NQI 的概念最早由联合国国际贸易中心在《出口战略创新》报告中提出。后来多个国际组织持续强化这一概念，成为国际社会广泛认可的一个概念。在 NQI 的发展中，国际性具有举足轻重的作用。NQI 也只有在世界范围内广泛应用和发展，才能发挥推动经济社会发展的磅礴之力。NQI 的组成要素：计量、标准、合格评定，从国际交往开始的那一天起就发挥着重要作用。NQI 的国际性不仅体现在其本身是国际交流与积累的结晶，也体现在其应用和影响也是国际性的。经济全球化背景下，NQI 已成为国际通用的技术语言，是联结不同国家之间商品交易的纽带，对国际贸易的影响越来越大。WTO 技术性贸易措施（TBT）协议中，对成员政府具有约束力的主要条款，与 NQI 有关。据《广东省技术性贸易措施年度报告（2016）》，近十年来，广东出口企业受国外技术性贸易措施影响的年平均比例为 40. 5%，在遭受了国外技术性贸易措施的企业中，62. 0% 的企业丧失订单。企业遭遇的主要技术性贸易措施是“认证要求”“技术标准要求”和“产品中有毒有害物质限量的要求”。企业适应国外技术要求而花费的测试、检验、认证、注册等费用占比 2015 为 1. 9%（其中：大型企业的费用占比为 1. 6%，小型企业的费用占比为 2%）。大量事实充分表明，NQI 具有鲜明的国际性特征，是国际贸易规则的重要组成部分。

三、关于NQI中文译名的再思考

NQI是近年来引入中国的一个重要概念。其中文译名的确定关乎到如何理解以其为主题的学术研究，进而对中国的质量管理理论和实践产生影响。NQI应该翻译为“国家质量基础设施”，还是“国家质量技术基础”，抑或是“国家质量基础体系”？从诸多学术文章、媒体报道、领导讲话、文件材料看，尚存在分歧。多个译名共存的现象容易导致困惑与混乱，影响NQI的研究与建设。对基本概念的认识“失之毫厘”，在研究方向和工作重点上就可能“差之千里”。因此，有必要立足于国际上对NQI的定义，对其中文译名进行辨析，以正本清源、廓清迷雾。

目前，NQI在国内的称谓主要有三个：“国家质量基础设施”“国家质量技术基础”“国家质量基础”。一个概念术语，多种中文表述，容易造成迷惑，甚至扭曲本义，引起学术交流的混乱。如果单单从中文词义上去细细推敲，会发现这些名词术语看似相近实则差异较大。

国内较早出版的译著《解决全球质量问题的终极答案：国家质量基础设施》，将NQI译为“国家质量基础设施”，其后一些报告沿用了这种译名。但是由于汉语“基础设施”一般指铁路、桥梁等硬件设施，而英文“Infrastructure”既包括“硬的Infrastructure”，也包括“软的Infrastructure”（根据维基百科的词条释义，“硬的Infrastructure”是指为社会生产和居民生活提供公共服务的物质工程设施，而“软的Infrastructure”则是指用于保证国家或地区社会经济活动正常进行的公共服务系统，如金融体系、教育体系、医疗保健体系、政府体系、法律实施体系以及应急服务体系①）。

① 原文：“Hard” infrastructure refers to the large physical networks necessary for the functioning of a modern industrial nation, whereas “soft” infrastructure refers to all the institutions which are required to maintain the economic, health, and cultural and social standards of a country, such as the financial system, the education system, the health care system, the system of government, and law enforcement, as well as emergency services.

如果将 NQI 译为“国家质量基础设施”，容易让人误解为 NQI 是指硬件设施，这与 NQI 的实际内涵相脱节相背离。同时，该名称对 NQI 的系统性、制度性也体现不足，导致一些地方一提 NQI，就谈“标准院”“质检院”“计量院”的建设，对“硬件设施”强调得充分，对体系建设和制度建设认识不够。这样的认识，不是把 NQI 说大了，而是说小了；不是把 NQI 的层次说高了，而是说低了。

NQI 的主流译名是“国家质量技术基础”。这个名称体现了 NQI 的技术性特点，比较全面地表达了 NQI 的内涵，但也存在一些问题。一方面，由于泊来词 NQI 词组中并没有含有“技术”的词义，把 NQI（National Quality Infrastructure）译为“国家质量技术基础”有些牵强，容易出现中英文互译的指代混淆。另一方面，“国家质量技术基础”这个名称过于强调了技术性，淡化了 NQI 含义中的系统性、制度性，其实弱化了 NQI 的职能。过分强调技术性，而不是凸显 NQI 的系统性、制度性和准公共性等特性，在改革的浪潮中反而容易被公众误读，导致被当成一般性技术全盘推向市场，消减国家质量基础体系的整体效能。标准、计量、认证认可、检验检测之所以被称为 NQI，是因为四者不仅是质量技术，更是质量的共性基础，它们互相关联、互相支撑、相辅相成形成一个体系。因此，国际组织明确：标准、计量、合格评定（认证认可和检验检测）共同构成 NQI。

一些文献中把 NQI 称为“国家质量基础”。我们认为，“国家质量基础”是一般性的通俗提法，并不是专有名称或专门术语，同样没有体现 NQI 的系统性，从英文词义看把 NQI 译成“国家质量基础”也并不准确。

除了“国家质量基础设施”“国家质量技术基础”“国家质量基础”这三个称谓，国内文献在统一称谓“计量、标准、认证认可、检验检测”时还使用其他一些术语。比如，《质量发展纲要（2011—2020 年）》《中国制造 2025》中，在综述“计量、标准、认证认可、检验检测”时，统称为“质量发展基础”。《共建“一带一路”：理念、实践与中国的贡献》中，则称为“质量技术体系”。这些称谓，基于具体的语境，不能称之为 NQI

的中文译名。

学术名词是传播科学思想和知识的载体，因此对各类名词的准确翻译就显得尤为重要。对学术名词的翻译不能望文生义，必须考虑其内涵特性和词义沿袭。从国外重要文献中的定义看，NQI 是一个国家建立和执行计量、标准、认证认可、检验检测等所需的总体架构的统称，是现代市场经济正常运行的基础性、系统性布局安排，是国家现代化治理体系的一部分，因此，NQI（National Quality Infrastructure）译为："国家质量基础体系"，或许更贴合英文词义，更符合 NQI 的定义，更能体现 NQI 的基础性、系统性和制度性。

学术研究鼓励百花齐放、百家争鸣，需要仁者见仁、智者见智，但核心概念需要形成共识。为避免引起混乱，在本文中，我们仍采用"国家质量技术基础"这一译名。

四、国家质量技术基础系统构成

国家质量技术基础由计量、标准、检验检测、认证认可等各要素构成，各要素之间的相互作用和相互支撑，构成一个完整的技术链条，并通过企业综合作用于产业整个价值链。

计量是质量基础的基准；标准是质量基础的依据，是计量的重要价值体现；认证、检验检测是质量基础溯源水平提升和标准实施的基本手段；认可是质量基础服务提供者有关资质和能力的证明和确认。简单地说，计量解决准确测量的问题；实际需要多大的量，就形成了标准；标准执行的如何，就需要通过认证认可和检验检测来判定。

第二章　国家质量技术基础的功效及作用机制

在经济全球化的时代，国家质量技术基础像蜘蛛网一样，快速融入到国家经济治理、政治治理、社会治理、生态治理的各个领域，成为政府和企业提高生产力、维护生命健康、保护消费者权益、保护环境、维护安全和提高质量的重要技术手段，服务于转型升级、内政外交、军事国防，有效支撑社会福利、国际贸易和可持续发展。

一、国家质量技术基础价值研究综述

近年来，国内外研究者针对 NQI 的作用开展了一系列的研究。为什么会有国家质量技术基础？Sanetra 和 Marbán 在《全球质量的终极答案：国家质量技术基础》报告中给出七个方面的原因：来自于自由贸易和全球化的挑战；创新和竞争力；通向国际市场和建立国内市场壁垒；保护消费者的健康、安全和环境等；有助于监管者和协调者执行职权；有助于经济发展；有助于区域整合。

联合国工业发展组织（UNIDO）和国际标准化组织（ISO）联合出版的《快速发展》《合格评定传递信任》系列丛书中，高度评价国家质量技术基础的功效，明确提出计量、标准、合格评定是构成国家质量技术基础的三大支柱，三者相互关联、密不可分，共同构成一国经济社会发展和贸易能力建设的坚实基础。

英国知名组织 UKQI（UK Quality Infrastructure）认为国家质量技术基

础能够带来以下诸多益处：使用标准能够创造更好、更安全、可持续发展的产品；标准和测量技术能够促进创新和产品研发；增进国内商业的繁荣；加强对消费者的保护；减少国际贸易中的技术壁垒；削减重复或者矛盾的标准、检测和合格评定，降低国际贸易成本；有利于产品和服务参与国际化竞争；在国际上赢得更多话语权，形成有利于本国利益的规则，在国际贸易中为本国带来巨大好处，增强国际贸易的收支平衡。

一些研究强调 NQI 促进经济社会可持续发展的作用。Goncalves 等人论证了 NQI 在促进贸易、质量提升、技术升级、保障安全、维护健康和保护环境中的作用。Peuckert 证明提高国家质量技术基础水平能够加强环境保护，通过强迫产品符合规定能够创建市场激励。

一些研究强调 NQI 对提升国家竞争力的重要作用。Araby 论证了 NQI 是通向国家繁荣和提高国家竞争力的道路。Regency 论证了 NQI 对经济可持续发展和提高国际竞争力起到重要作用。学者 Rehman 在《发展中国家为什么需要质量基础以及具体包括什么》中指出，为了获得国际市场的份额，发展中国家的企业需要在国家层面实施 ISO 9000，并呼吁政府应该在建立 NQI 系统方面起到先驱性作用。

一些研究强调 NQI 对科技创新的重要作用。Justen 等人研究了 NQI 在巴西电力部门技术管理过程中的支持作用，结果显示，国家质量技术基础是科学技术创新的内在要素，在促进创新、提升竞争力和促进可持续发展方面发挥作用。

NQI 研究特别强调政府对于 NQI 建设的作用。例如，学者 Racine 明确指出，任何一个国家的高质量基础设施建设都离不开政府的支持。Harmes-Liedtke 也认为：政府在建立 NQI 的过程中具有领导作用，对重构、加强、升级以及维护 NQI 具有重要作用，可以起到有效促进国际贸易、加速经济发展、减少贫穷、保护消费者健康安全、保护环境的作用。Tippmann 和 Racine 的研究指出，NQI 作为公共产品，政府必须在此方面发挥作用。学者 Kellermann 强调政府可以为质量信息的积累、传播和讨论提供必要的平台。

也有学者研究了国家如何建立或重构 NQI。《评估乌克兰的质量技术基础建设：加入 WTO 和欧盟的挑战》研究报告显示：乌克兰的 NQI 并不能够完全符合欧盟以及 WTO 的相关标准要求，这减少了乌克兰参与国际贸易的机会，为了重振乌克兰经济，必须重构乌克兰 NQI 体系。Bakhtiar 评估了印度尼西亚 NQI 的建设情况。Kellermann 通过分析马来西亚、土耳其和越南的 NQI 改革方案，结合巴基斯坦国内的发展情况，提出了 NQI 改革的方案。

还有一些学者深入研究了影响 NQI 实施的因素。例如，Naor 通过分析 6 个国家的工厂揭示出，无论是在东方还是西方，组织文化对 NQI 实践都有非常强的影响，而国家质量技术基础实践对制造业的绩效产生重大影响。

另外，随着 QI 在区域发展中起到的作用也越来越重要，一些学者开始研究区域质量技术基础建设。学者 Moljevic 认为，QI 是提升区域经济可持续发展必不可少的因素，反过来，区域的可持续发展水平又成为影响区域 QI 成功实施的关键因素。与之相反，一些学者研究了微观质量技术基础问题，重点关注其在具体行业或者企业的作用。比如，Forsyth 等对可再生能源行业中的 QI 进行了研究。Salehi 研究了如何利用 NQI 提高电力部门的能源效率。而 Guerra 等分析了标准化、计量和认证对古巴医疗技术领域的作用，等等。

国内对国家质量技术基础的研究，大多集中在具体的计量、标准、认证认可、检验检测等关键技术上，关于战略研究和实施策略的研究相对较少。“十五”期间国内学者重点开展了重要标准技术研究、合格评定评价模式等，如“重要技术标准研究”“认证认可关键技术研究与示范”等；“十一五”期间重点集中开展了关键技术标准研究、节能评价等认证认可关键技术研究等，如“节能减排若干能源计量标准关键技术研究”“关键技术标准推进工程”“国家重点领域认证认可推进工程”；“十二五”期间重点开展了计量标准溯源体系研究、支撑国际贸易标准研究、碳排放认证认可技术框架研究等，如“新一代信息技术关键计量标准及溯源体系研究”“支撑国际贸易的重要国际标准研究”“碳排放和碳减排认证认可关键技术研究与示范”等。这些研究主要偏重技术层面、研究对象单一，基本上是对国家质量技术基础构成要素——计量、标准、认证认可、检验检测各自功能与技术的研究，整体性、战略性、系统性研究相对不足。

近年来，有一些国内学者围绕国家质量基础的管理模式、运行机制开展了研究。从公开发表的文献看，支树平分析了质量技术基础建设的国际趋势和发达国家质量技术基础的共性特征，剖析了我国国家质量技术基础的现状与问题，提出了加强我国国家质量技术基础建设的对策。陈钢认为必须加强质量技术基础建设，加快质量技术基础的推广和应用，以先进的质量技术基础手段，推进产业间、产业内和区域的质量升级。

二、国家质量技术基础的宏观作用

从当代质量发展实践看，在符合性质量管理阶段，国家质量技术基础为产品层面质量管理模式提供技术支撑。在适用性质量管理阶段，国家质量技术基础扩展到为组织层面质量管理模式提供技术支撑。在可持续性质量管理阶段，国家质量技术基础拓展到为国家层面质量管理模式提供技术支撑。

从宏观层面看，国家质量技术基础是建立社会经济活动最佳秩序的技术规则，是实现质量提升促进转型升级的技术基础，是推动科技创新激发市场活力的技术平台，是参与国际竞争维护国家核心利益的技术手段。深刻认识国家质量技术基础的重要宏观作用，有助于站在更高层面研究规划国家质量技术基础的未来布局和发展路径，有力提升国家质量技术基础的效能。

（一）建立社会经济活动最佳秩序的技术规则

秩序是文明的标志、生活的需要。根据《辞海》的解释，“秩”这个字，是累积柴木的意思，意味着积累，“序”这个字指东西厢房的意思，意味着对房屋左右边界的约束。秩序两个字连起来，最原始的含义就是“成年累月地按一定的次序堆积柴火”。在当今法理学中，秩序是指自然界和平共处的社会运动、发展和变化的规律性现象。一定程度的一致性、连续性和稳定性是它的基本特征。秩序是发展的必要条件，有秩序才会有发展。

构成国家质量技术基础的计量、标准、检验检测、认证认可，在一定范围内实现协调一致，达到最佳效果，即秩序性。具体而言，计量建立量的秩序，确保量值传递准确，是保障经济正常运转的技术手段。标准是对重复性事物和概念的统一规定、统一规范，是社会经济活动秩序的重要组成部分。标准和法律法规一起，如同车之两轮、鸟之双翼，共同保障着经济社会活动有序高效运行。认证认可是由第三方对产品、服务、组织、人员等进行符合性评价，并提供公示性证明的现代管理工具，是现代市场经济的一项基础性制度安排。认证认可传递信任，是形成秩序的重要基石。通过认证认可从供需两端发力，既能使供需有效对接，解决信息不对称带来的资源错配、效率低下等问题，又能促进供需良性互动，建立双向反馈机制，形成激励约束效应。检验检测是维护秩序的有力手段，是对产品或者行为是否符合秩序的校验，与认证认可一起在国家质量技术基础中发挥着“传动轴”的作用。

总体来看，国家质量技术基础就像空气和血液一样，已经融入到人类社会经济活动的各个领域，成为建立和维护生产秩序、贸易秩序、社会秩序、国家秩序乃至国际政治经济秩序的重要工具。没有国家质量技术基础，就没有有序的日常生活、有序的社会生产、有序的贸易往来，也就没有现代经济社会的正常运转。

（二）实现质量提升促进转型升级的技术基础

质量是推动供给结构、需求结构升级的重要抓手，是加快发展新经济、培育壮大新动能、改造提升传统动能的有力支撑。提升质量是经济实现效益型增长的根本出路，是结构优化升级的重要途径，是扩大内需的基本前提。

国家质量技术基础在推进产业和区域的质量升级，以及经济提质增效升级中发挥着不可替代的基础保障作用。标准引领产业转型升级，有助于提高产品和服务的附加值。大工业生产超越和取代一家一户的小农经济，标准化规模化功不可没。先进的标准带动从基础材料、基础元器件到重大装备、关键工艺乃至最终产品整个产业链的质量提高。计量是控制质量的基础，被称作工业生产的“眼睛”和“神经”。只有建成适应时代发展需要的高水平国家计量体系，更好地支撑和引领产业发展，才能有效实现国家的质量目标。认证认可是市场经济基础性制度，有利于加强质量监管，营造公平竞争市场环境，促进中国制造提质升级、迈向中高端。检验检测能够减少质量信息不对称，促使企业改进产品质量和管理，进而有效改善质量供给，对于促进质量提升和产业升级等具有重要作用。

国家质量技术基础在服务转型升级，促进经济增长方面贡献显著。以标准为例，据相关部门统计，中国、德国、法国、英国和奥地利的标准化对本国经济增长的贡献率分别达 7.88%、27%、23%、12% 和 25%。国家质量技术基础还是实现内涵集约式发展的基础保障。在认证制度和相应计量、检测技术支持下，能源消耗标准和环境保护标准能够有效约束企业行为，提高资源能源使用效率，降低二氧化碳和污染物的排放。

（三）推动科技创新激发市场活力的技术平台

科学技术是推动生产力发展的关键性要素和主导性要素，是激发市场活力的重要催化剂。科学技术的创新发展离不开国家质量技术基础。

计量是探索动态变化世界的钥匙，是科技创新的“种子”和“引擎”。历史上三次技术革命都和计量测试技术突破息息相关。计量通过测量科学和技术进步之间的联系来推动企业创新，新的计量技术将会刺激产品、流程和服务的创新。标准是科技成果转化为现实生产力的桥梁和纽带，凝聚了最新成果并通过协商一致形成的技术标准，其科学性容易得到广泛认同，其权威性对工程师是无声的命令。适时地介入技术标准化活动还能够启发科技研发的思路，减少科技研发风险性和不确定性，降低科技研发的成本。第三方认证和检验检测能够减少质量信息不对称，让创新给企业带来的质量提升快速向需求端传播，为创新者带来实实在在的利润。同时，认证认可和检验检测，本身就是科技活动的一部分，发达国家的先进科技在检验检测仪器设备领域形成明显优势。

NQI 在整个创新链中起着关键作用。通过搭建国家质量技术基础公共技术平台，发挥计量、标准、认证认可、检验检测作用，开展质量共性技术和关键技术攻关，有利于加快推出新产品、催生新业态。美国国家标准与技术研究院（NIST）、英国国家物理实验室（NPL）等机构的研究表明，科研成果转化为现实生产力的创新链中，NQI 在产业形成的关键阶段起着重要作用（见图 2－1），如果缺乏 NQI 这一创新链的关键环节支撑，再好的科技创新成果也难以实现产业化。可以说，国家质量技术基础始终与科技相伴、与创新相随，三者相辅相成、相互促进，共同支撑创新驱动发展战略。

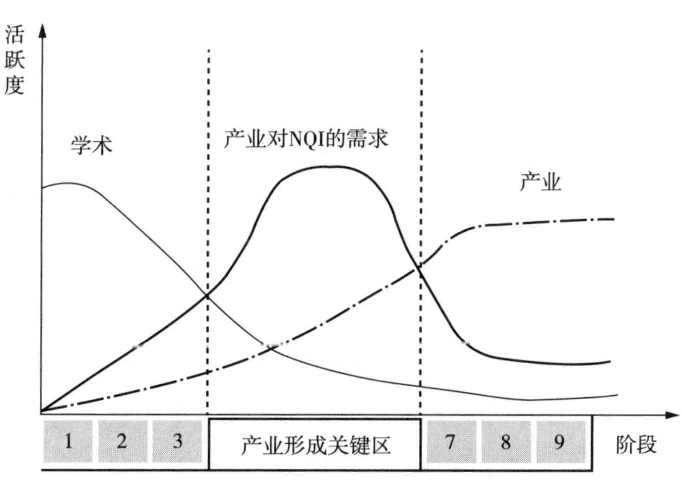

图 2－1　创新链中不同阶段的 NQI 作用

（四）参与国际竞争维护国家核心利益的技术手段

国家质量技术基础已经成为国际竞争中的核心要素和战略资源，谁占领了制高点，谁就在未来竞争中获得先发优势和话语权。符合世界贸易组织规则的技术性贸易措施，在全球竞争合作中起着重要作用。美、英、德、日等发达国家以及俄、韩等新兴国家在制定国家发展战略中突出强调标准、计量等国家质量技术基础的建设。

计量是国家核心竞争力的重要标志之一，在构成国家核心竞争力的三大要素（经济基础、企业管理和科技创新）中，都以计量作为基础支撑，都以计量的发展进步作为技术引领。超过 80% 的贸易必须经过计量才能实现，工业化国家的测量活动对其国民生产总值的贡献达 4%~6%。面对日趋激烈的国际竞争，世界上包括美国、欧盟和日本在内的许多发达国家和地区纷纷加大了对计量科学研究的投入，以切实保证并有效提高本国计量科技的支撑能力，在新一轮全球竞争中占据优势。标准是世界的“通用语言”，谁制定标准，谁就拥有话语权；谁掌握标准，谁就占据制高点。“得标准者得天下”已经成为广泛共识。西方国家高度重视标准主导权，不断强化贸易保护主义，除反倾销、反补贴等传统手段之外，在市场准入环节对技术性贸易壁垒、劳工标准、绿色壁垒等方面的要求越来越苛刻。ISO 秘书长罗博·斯蒂尔认为，标准的话语权体现了主导权，不参与标准化和认证认可，就意味着把决策权拱手让给竞争对手。认证认可、检验检测是重要的技术性贸易措施。目前，国际技术性贸易措施的影响远超其他非关税措施，呈现出数量增多、要求苛刻、形式隐蔽的特点。很多国家都在努力使本国的认证、检测和检查结果获得国际承认，从而使本国产品、技术出口如虎添翼，抢占国际市场。

总体而言，国家质量技术基础建设事关国家核心利益，质量技术基础落后于人，产业发展甚至国家安全就有受制于人的危险。

三、国家质量技术基础价值图

（一）国外学者的蛛网价值图

在经济全球化的时代，国家质量技术基础像蛛网一样，快速融入到国家经济社会发展的各个领域。从国家质量技术基础产生重要作用的领域，Goncalve、Gothner 和 Rovira 三位学者从国际和国家背景两方面总结了国家质量技术基础功效蛛网图形，具体如图 2－2 所示：

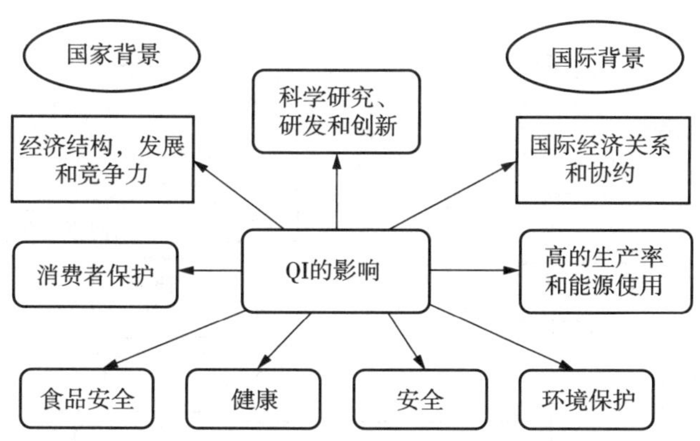

图 2－2　国家质量技术基础蛛网价值图

（二）金字塔价值图

国家质量技术基础系统服务源自经济社会发展、消费者和环境保护等方面的需求。例如，食品安全、水资源、能源的使用，国际和国内贸易的实现以及消费者保护等都需要用到测量、标准化和技术管理。在经济全球化时代，国家质量技术基础对经济社会的发展，对内政、外交、军事、国防、科技、经济、文化和体验等方方面面都具有巨大的支撑服务作用。

在综合国内外文献的基础上，我们建立了质量技术基础的四层金字塔价值模型，从基础到顶层分别是：消费者层面、企业层面、国家层面、国际层面，具体如图 2－3 所示。消费者处于金字塔的基础层面，是企业创新发展、产业革新的推动力；企业联系着消费者和国家，处于金字塔的关键环节，是满足消费者需求、参与国家经济生产的主体；国家在国家质量技术基础居于核心地位，起着技术性保障和制度性保障的作用；国际层面则是质量技术基础的最高层面，企业需大幅提升自我能力，才能突破贸易壁垒、更好地参与国际贸易和国际竞争，从而实现自身更好发展、促进国家经济繁荣。

具体来说，国家质量技术基础在以下几个方面起作用：经济结构；产品质量；国家竞争力；消费者健康与安全；技术壁垒；国际贸易；科学研究与创新；环境保护以及其他。

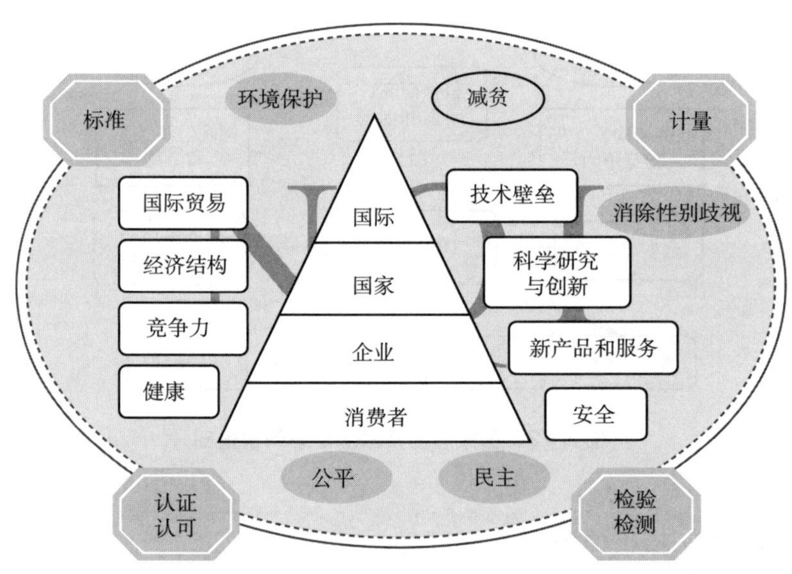

图 2－3　国家质量技术基础价值金字塔

1. 国际层面

从全球贸易来看。国家质量技术基础能够保证产品和服务达到国际标准，促进国际贸易。此外，国家质量技术基础能够减少那些重复或者矛盾的标准、检测、合格评定等，降低国际贸易成本。国家质量技术基础的建立，注重与 WTO 的相关规则协调一致，有助于减少出口的技术壁垒，参与国际市场竞争。

从参与全球治理来看。主权独立原则正在遭受全球化的挑战，世界各国在气候变化、粮食安全、能源资源安全、网络安全、重大自然灾害等全球性问题上，既有合作也有冲突。加强国家质量技术基础建设，有助于相关国家积极参与国际规则制定，争取全球治理制度性权力。这也对国家质量基础设施建设提出了新的需求和挑战。

从全球互联互通看。经济全球化背景下，计量、标准、检验检测、认证认可等国家质量技术基础已经成为国际通用的技术语言，加强国家质量技术基础的合作交流，有助于从技术层面扫清障碍，在交通、运输、水利、电力、通讯等领域实现更深层次、更深刻、更为紧密的联通。

2. 国家层面

国家质量技术基础事关国计民生、国家主权和国家核心利益，是促进经济结构优化升级，增进国内经济繁荣，提高国家竞争力，促进科技发展和创业创新的重要支撑。

从维护国家安全看。国家质量技术基础是国防建设的重要技术支撑，也是维护国境卫生安全、进出境生物安全、进出口商品特别是食品安全的重要手段，既攸关传统安全，也攸关非传统安全。

从推动经济发展看。学者 Moljevic 通过研究发现，国家质量技术基础建设对经济转型体的发展产生显著影响；同样，英国知名组织 UKQI 在其官方网站上明确提出，国家质量技术基础有助于建立贸易信任，特别是能够为发展中国家经济转型带来诸多裨益。例如，国家质量技术基础系统中相关标准的贯彻推行，能够有效提高劳动生产率，节约能源，促进经济体向集约型方向发展。

从国家话语权来看。国家质量技术基础事关一个国家的经济话语权、外交话语权、舆论话语权等诸多话语权。同时，完善的和国际组织相接轨的国家质量技术基础，能够使相关代表国的观点在国际上更有效，且有助于形成国际规则，使本国产品和服务参与国际竞争，提升国家竞争力和产业竞争力。

从释放创业创新潜能来看。国家质量技术基础始终与创业相伴、与创新相随。比如：突破技术进步的瓶颈有赖于关键测量技术的解决。标准既是技术积累的平台，也是创新扩散的平台，是科技成果转化为现实生产力的桥梁和纽带。国家质量技术基础是市场主体创业创新的重要平台。标准有助于知识的传播以及新方法的应用，而标准的创新也能够更好地通过市场让消费者接受。因此，这促进了国家或者企业创新。

从增加国家竞争力来看。质量之争很大程度上表现为质量技术基础之争，经济全球化的背景下，世界各国在计量、标准、检验检测、认证认可等质量技术基础领域既加强紧密合作，又展开激烈争夺，世界主要经济大国的国家质量技术基础竞争正在深化，新兴国家的上升导致了世界经济秩序的重组。以标准为例，美国、中国、欧盟（EU）等标准三强国家和地区与巴西、印度尼西亚等新兴国家在全球标准舞台的影响力日益扩大，并重组了较复杂的标准竞争格局。建立或重构国家质量技术基础系统的价值在于，能够协调计量、标准、检验检测、资格鉴定以及合格评定等机构，达到事半功倍的效果。

3. 企业层面

国家质量技术基础是助力产品研发、提升产品质量、促进服务创新、塑造企业品牌、提高市场竞争力的重要工具。国家质量技术基础能够促进企业产品和服务面向更高质量的市场开展研发，并能够创造更好、更安全、更可持续发展的产品。市场并不是透明的，国家质量技术基础有助于克服“低质量产品驱逐高质量产品”的现象，使企业快速应对国际市场，促进经济发展以及更好地适应国家发展战略和规划；国家质量技术基础能够使得高质量的企业获得更多利润；此外，国家质量技术基础还可以增强企业的社会责任感。

4. 消费者层面

国家质量技术基础是保护消费者利益、健康和安全（如防止食品污染、水污染和辐射等）的重要屏障。严格的标准化、检测检验技术以及合格评定能够有效保护消费者健康与安全，尤其是食品安全方面。建立国家质量技术基础系统的最终目的是满足消费者的需求，因此保证消费者的安全和健康尤为重要。为了使消费者获得更多愉悦感和兴奋感，企业应该努力提高产品和服务的质量。

5. 其他方面

此外，国家质量技术基础的价值还体现在能够解决一些全球性难题，比如善治、环境保护、减贫、消除性别歧视、实现公平和民主等功能。

国家质量技术基础中的元素在很多方面都有助于保护环境。从调控的角度来说，许多国家的标准都涉及了水污染和空气污染治理。标准化，作为一个基本的管制工具发挥着作用。

（1）善治

国家质量技术基础在国家的经济治理、政治治理、社会治理、生态治理等各个领域发挥着作用，有助于促进一个国家治理能力和治理体系的现代化。

（2）男女平等

相对应男性，女性在经济活动中面临很多约束：工资相对较低，生产资源、技术的相对匮乏等，国家质量技术基础项目能够干预部门或者企业使得男女权益相对平等。

（3）减贫

国家质量技术基础能够促进国家贸易的发展，使得贫穷国家的人力资源获得更多工作机会，也使得国内的产品得到更好的销售，因此能够有效减轻贫穷。

值得注意的是，国外文献在充分肯定国家质量技术基础对经济社会发展贡献的同时，也指出了不恰当实施国家质量技术基础带来的负面影响。比如，过度严格且强制执行的标准，造成贸易窒息，也不利于技术创新，阻滞企业研发，抑制新产品进口；不必要的大量强制认证增加了企业成本，也影响了发展中国家的商业。更重要的是，这些认证在保护消费者健康、安全以及保护环境方面具有很少价值。世界银行发布的《质量体系和标准带来的竞争优势》报告表明，发展中国家 44% 企业在达到国内要求之后不得不大量重复实施测试程序才能够达到外国要求，30% 的企业不得不完全重复测试程序，68% 的企业认为测试和认证成本是导致无法出口的重要原因。

四、国家质量技术基础功效案例研究

（一）企业层面

1. 华为以质量技术基础推动技术创新

短短二十多年，华为从 2.1 万元起家到成为通信领域的领导者之一，质量技术基础功不可没。

面对快速变化、暗流涌动的国内外市场，华为将质量技术基础贯穿于研发、采购、生产、市场准入、循环再利用全生命周期，实现了从“跟跑者”“并跑者”成长为“领跑者”的巨变。质量技术基础在华为的运用情况见表 2－1。

表 2－1　质量技术基础在华为的运用情况

关键环节	NQI 敏感关键要素	华为 NQI	第三方服务
研发	优化设计 科学选型 ——标准、检测、认证	增强标准实验验证能力，引领 4G、5G 标准； 提升性能和功能检测能力	可靠性增长测试 供应商筛选、评价
生产	提升品质 提高效率 ——计量、标准、检测、认证	实施国际标准，国内外产品同线同标同质。建立华为认证体系，打造产业绿色供应链。全面实施产品、体系和人员等认证	计量测试、产品检测

表 2-1（续）

关键环节	NQI 敏感关键要素	华为 NQI	第三方服务
市场	拓展全球市场 ——标准、认证	改进客户管理，完善用户满意度调查、分析和改进制度，优化售后服务质量体系	法国市场碳足迹评价、收集产品欧盟国际认证、进入金融、煤炭、医疗等六大领域准入服务； 准入认证：3C、CE、NEBS、FCC，自愿性联盟对供应商认证 Quest Forum

华为认为，标准与产业对于公司来说，是一项战略性工作，有利于保护市场准入、构筑全球品牌、支持互联互通、提升研发质量和做大产业等。因此，华为确立了“成为信息和通信技术（ICT）标准与产业的重要贡献者”的目标，以构筑共赢的产业链与生态圈，与业界同行共享市场利益。

为实现此目标，华为公司在集团层面设标准与产业部，每个业务单元设相应的标准专利部和产业发展工作组，专职标准与产业队伍人数超过 450 人，形成了技术水平高、能稳定从事标准制定和产业发展的专家群体。

截至 2014 年 12 月 31 日，华为加入了 177 个标准组织和开源组织，担任 183 个重要领导职位，在电气与电子工程师标准协会（IEEE-SA）、欧洲电信标准化协会（ETEI）、Wi-Fi 联盟（WFA）等组织担任董事会成员，积极参与第三代合作伙伴计划（3GPP）、国际互联网工程任务组（IETF）活动，获得多个重要职位并主导关键标准立项。2014 年提交标准提案超过 4800 篇。

为保证产品质量，公司推出“华为认证”，通过建立一系列的认证规则和第三方机构的战略合作，完善供应商的管理体系建设，推进产品质量保证体系能力的提升。

质量技术基础保障了华为产品的质量，也给华为在全球范围内带来了商业成功。在通信设备市场，华为已经成为全球持续领先的信息与通信解决方案供应商。在智能手机市场，华为市场份额稳居全球前三。

2. 正泰以质量技术基础推动转型升级

转型升级、提质增效是国家“十三五”规划的主线。全面提升质量水平、加快转型升级步伐是新时期我国企业发展的必由之路。

脱胎于家庭小作坊的正泰集团，从初创时的 8 名员工、5 万元启动资金、1 万元年产值，发展成为超过 3 万员工、资产和年销售额超过 500 亿元的中国工业电器龙头企业和新能源领军企业。其 30 余年的发展之路，是夯实质量技术基础之路，也是有效实现转型升级之路。

30 年来，从获得温州第一批生产许可证书开始，正泰先后获得全国同行第一张 ISO 9001 质量体系认证证书、我国加入世贸组织后第一张“CCC”认证证书、首届“中国质量奖提名奖”等诸多荣誉。

2017 年“浙江制造”标准发布会现场，以正泰电器为主起草的两项“浙江制造”标准名列其中。这两项标准分别为《交流接触器》《塑料外壳式断路器》，主要技术指标达到国内一流、国际先进水平。加上 2015 年已实施的《小型断路器》和《智能型万能断路器》两项“浙江制造”标准，正泰电器共有四项“浙江制造”标准已实施，处于行业领先地位。

如何理解认证认可工作的影响和意义？正泰集团董事长南存辉认为，认证认可工作与生产发展、社会进步息息相关，用国际化认证认可标准衡量企业发展，这将倒逼企业改革创新，提升科技能力。

对于认证认可工作的内容及其重要性，南存辉做了一系列形象的比喻。“认证认可是承认和保障企业基本生存的状态的‘出生证’；改进和认定产品质量与安全水平的‘体检证’；认可和规范企业全面检验成果的‘毕业证’；进入发展国际市场的‘通行证’；提升品牌企业的‘身份证’；承认企业社会责任的‘公民证’。”

谈起“海淘现象”，南存辉认为：这是“质量差距”和“信任差距”方面的问题。当前，我国制造业正处于转型升级阶段，经济基础不断提高的同时，消费者也对产品提出了更高的要求。如果企业能够提升科学研发能力、精准定位市场需求，再经过国际化认证认可标准倒逼企业转型，这将形成一个行业发展的良性互动。

30 年来，从小小低压开关做起，产品已覆盖“发、输、变、配、用”等电力设备的全产业链。正泰的出色表现，被国际著名投行誉为“制造业内可与 iPhone 媲美的教科书”。正泰的经验，是企业以质量技术基础推动转型升级的典范。

3. 厦航以质量技术基础创造效益奇迹

被誉为“管理领袖”的美国著名质量管理思想家汤姆·彼得斯认为：“质量等于利润”。起步时“连一台飞机发动机也买不下来”的厦门航空（以下简称厦航），自 1984 年创立以来，秉持“品质铸就特色、协同提升价值、创新驱动成长”理念，坚持走质量发展之路，在世界航空史上创造了连续 30 年盈利的效益奇迹，并快速成长为总资产 400 亿元、净资产 160 亿元的国际知名民航企业，用生动实践证明了国际管理学界关于质量与效益的论述。

30 多年来，厦航累计安全飞行超过 400 万小时，安全飞行距离相当于绕地球 8 万多圈。2015 年 9 月 23 日，习近平总书记在美国波音公司参观时，亲自登上厦航 B787 飞机进行视察，并深情回忆了他与厦航的历史情缘，称赞厦航是“中国航空业发展的缩影”。2016 年，凭借首创的“双引擎四系统立体交互”质量管理模式，厦航荣获中国服务业首个“中国质量奖”。

从成立之初名不见经传的地方航空运输企业，发展为国际知名航空集团，厦航的成功绝非简单的一蹴而就，而是三十年如一日重视质量狠抓质量、不断夯实质量技术基础的结果。厦航董事长车尚轮指出，通过向整个企业植入“质量基因”，推动厦航的发展。

相比于其他国内大型航空公司，厦航的资源禀赋并不好。首先，其所在的福建市场码头一般，受空域管制影响大。近三年，厦航在厦门和福州等机场的座公里收入（航空公司提供一个座位飞行 1 公里带来的收入，反映平均收入品质）仅为 0.434 元，相比北上广深蓉等繁忙机场低 15%。其次，优质时刻资源匮乏。厦航在北上广深蓉五大最优质资源城市的机场时刻占比仅 3%，在八大传统型航空公司中排倒数第二。再者，受高铁冲击影响大。近些年，东南地区新开高铁很多，厦航每100 名国内旅客中就有 7 名被新开高铁分流，相当于每年分流 119 万人次，受冲击力度远远大于国内同行业水平。

从 2000 年起，厦航开始组织通过 ISO 9001 质量管理体系、ISO 14001 环境管理体系、OHSAS 18001 职业健康安全管理体系和 ISO 22000 食品安全管理体系等的认证，并率先建立整合质量管理体系。到 2005 年，公司已拥有《质量手册》《航空安全管理手册》《运行手册》《应急反应手册》《飞行技术管理手册》《飞机维修可靠性方案》等各类企业标准，形成了系统的、完善的企业质量管理体系。

同时，厦航着力以标准打造服务这块“金字招牌”，2010 年以后在客舱服务中创新推出“百微服务标准体系”，把空中服务细化为百余个细节去落实，赢得旅客口碑。以水果的切配为例，厦航就制定了《水果切配手册》，所有水果都有专门的“厦航切法”，形状、尺寸、摆放都按照标准操作。标准化的服务管理，获得社会和上级部门广泛认可，厦航受邀参与了《航空食品安全规范》国家标准制定，并成为全国首家评审达标单位。

优质的服务提高了旅客的满意度。厦航已连续 19 季度被旅客票选为中国民航“服务最佳航空公司”。2017 年公布的天合联盟（由法国航空、大韩航空等发起成立的国际航空服务网络联盟）服务测评中，厦航天合联盟高端优享服务的旅客净推荐值为 72%，名列全球第一。

4. 无线局域网背后的标准之争

自从 2003 年英特尔宣布推出迅驰移动计算技术以来，WIFI 上网开始逐步影响百姓生活。WIFI 上网使用户摆脱了线路的限制，带来了极大的便利。

自无线局域网开始商业应用之时，安全问题就成为了限制其进一步发展的主要制约因素。

WIFI 作为无线局域网的技术标准，给用户带来了无线上网的便利，但是 WIFI 的加密机制并不能够为无线用户提供足够的安全保护，推出不久之后就被完全破解。这样的一个标准一旦在企业、政府机关、科研机构内大规模使用，必然会让中国的信息安全形势变得更为严峻。

2003 年 5 月，由中国宽带无线 IP 标准工作组负责起草的无线局域网两项国家标准由信息产业部报送国家标准委正式发布。WAPI 标准颁布后，国内外产业界反响很大，不少企业迅速行动，产业跟进紧锣密鼓。

WAPI 不仅具有 WIFI 功能，而且拥有更加安全的技术。由于 WAPI 标准突破了发达国家及其跨国公司的技术垄断，直接触动了英特尔公司依靠其垄断地位获得超正常利益。于是，以英特尔等国际 IT 巨头为首的 WIFI 联盟对 WAPI 采取了种种封杀、遏制的措施。

2004 年 7 月，国家标准化管理委员会提交 WAPI 国际标准提案。但我国 WAPI 提案自提出伊始，就受到西方国家一系列有计划的打压，使该提案一直不能进入正常程序。相反，在中方标准提交之后，由英国提交的竞争性提案——IEEE 802. 11i（实为美国控制）反而进入快速流程投票阶段。

国际 IT 巨头除了在 WAPI 冲击国际标准的道路上设置障碍外，面对中国政府对 WAPI 的大力支持，还威胁要搞“芯片禁运”，而美国政府也以“中美贸易战”相威胁，最后迫使中国无限期推迟强制实施 WAPI 国家标准。

虽然 WIFI 与 WAPI 起步阶段相差不多，但是英特尔凭借在 CPU 领域的绝对垄断地位，通过捆绑销售成功地将 WIFI 变成了事实上的 WLAN 标准。

（二）产业层面

1. 国家质量技术基础助力中国高铁走向世界

近年来，中国高铁建设取得了举世瞩目的成就，成为“中国质量”“中国制造”的新名片。中国高铁走出国门，走向世界，有赖于一块重要的敲门砖——质量技术基础。

在标准方面，中国高铁建立了一套集成铁路勘察设计、工程建设、运营管理和安全防护等 20 多个领域的标准规范。目前，中国高铁标准大多处于世界领先地位，而且与国际标准的兼容性强。通过国际项目合作，中国高铁标准顺利走向世界。在印度尼西亚雅加达至万隆高速铁路项目中，中国高铁标准首次走出国门。随后，中老铁路、匈塞铁路、蒙内铁路项目中，中国标准再次闪亮登场，亮相国际舞台。

在计量方面，长度、力学、电学、无线电、温度、理化、光学等全面的校准测试能力，确保了中国高铁研发设计、加工制造、建设运维的精准有效。

在检验检测方面，通过对项目轨道、供电、通信、信号等各系统的状态、功能、性能以及系统间匹配关系的综合检测和验证，保障了高铁产品质量与运输安全。

在认证检测方面，中国铁路设立了系统配套的专业检验检测认证技术机构，积累了一整套的先进检测方法，给高铁产品质量与运输安全提供全方位的技术保障。认证认可促进了高铁国家工程实验室检验检测技术能力的提高，实验室的检测及计量认证能力由既有的 20 项增至 27 项，实验室检查能力由 20 项增至 23 项，质量管理体系得到了完善。

截至 2017 年年底，中国高铁运营里程接近 3 万公里，位居世界第一。

李克强总理说：近年来，我们向不少国家积极推介中国高铁、中国装备，底气也是来自于中国质量已形成的基础。

2. 国家质量技术基础搭建“云桥”精准拦截劣质电商

互联网和大数据时代的到来和普及，为全社会共同努力治理假货带来契机。

淘宝、天猫平台上共有约 12 亿商品销售，而且每天还在新增上千万商品，传统的质量管理模式已经无法实现平台质量管控的需求。如何在十几亿件海量商品和近千万海量商家的平台上，建立可靠的电子商务质量管控体系，是一项非常重要的工作。

强制性产品认证（简称 CCC 认证）制度，给我国高风险产品质量上了一道“安全阀”，实施效果好，社会公信力强。随着电商平台上销售的 CCC 产品品类越来越多、数量越来越大，在提升市场总体产品质量水平的同时，也给不法商家制假售假提供了新的“花样”。不良商家销售假冒 CCC 产品，骗取消费者信任，不仅损害消费者权益，损害电商平台信誉，也损害了 CCC 的权威性和可信度。

2015 年 12 月，国家认证认可监督管理委员会推出了认证认可信息服务共享平台——云桥。开通当日，阿里巴巴成为首家接入“云桥”的电商平台。随着“云桥”的建立，阿里巴巴在线商品数据与权威管控数据得以联通，阿里巴巴可以通过“云桥”读取 CCC 认证信息数据，从而对平台上涉及 CCC 认证目录内商品实施全流程的精准管控，确保平台上销售的 CCC 认证目录内商品为有效获证产品，实现了线上商品有效、精准的品控管理。2016 年六一期间，淘宝借力认证认可“云桥”全网删查，40 万件未获 CCC 认证的违规儿童安全座椅下架。

（三）地区层面

1. 国家质量技术基础推动“深圳速度”向“深圳质量”转变

深圳曾经为全国树立了“深圳速度”的标杆，近年来，深圳提出要由“深圳速度”向“深圳质量”“深圳标准”转变。如今，“深圳标准”已经成为推动特区经济发展的新优势。

2015 年，深圳市政府以 1 号文件发布《关于打造深圳标准构建质量发展新优势的指导意见》及行动计划，提出了一条标准先行、创新驱动、内生增长、绿色低碳的质量型发展新路。

深圳率先制定实施标准化战略，设立标准化战略专项资金，每年安排 3000 万元专项资金支持标准化活动。2009—2014 年，全市有近千家企业获得了资金资助。在经济社会发展、城市建设管理、生态文明和政府服务等各领域，以国际先进标准为标杆，建设更高、更严、更先进的标准体系，支撑高质量发展，已创建“国家高新技术产业标准化示范区”等4个国家级标准化示范区。深圳加快标准管理机制创新，探索建立深圳市团体标准管理制度、深圳市标准自我声明公开制度、深圳标准先进性评价制度、深圳标准认证制度、深圳标准标识制度等制度；试行以第三方评价方式，验证深圳标准的先进性、创新性，提升产业竞争力。

近年来，深圳参与国际标准化研制数量居于国内大中城市领先地位且呈逐年上升趋势。据《深圳市质量发展报告（2015）》，2009—2014年，全市研制国际国内标准累计总数从1609项增长为3692项，增幅129.46%，其中国际标准累计数从366项增长为973项，增长了1.66倍，国内标准累计数从1267项增长为2719项，增长了1.15倍，具体见图2－4。与国际标准组织合作不断增多，截至2014年累计吸引国家欧洲标准研究中心、国际电信标准化组织等53家国际国内标准化专业技术委员会相关机构落户深圳，与国际标准组织的合作日益广泛，如与国际标准化组织（ISO）在标准的经济社会效益评价方面开展合作，与英国标准协会（BSI）在低碳排放方面展开合作，引进BSI产品碳足迹方法标准体系等。

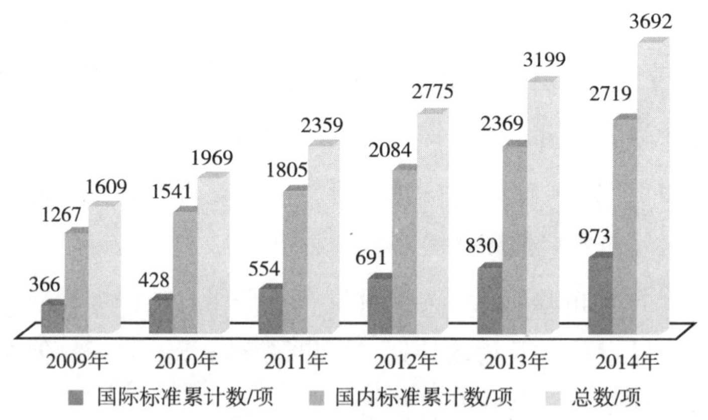

图2－4　2009—2014年深圳企业参与研制国际国内标准项

多年以前，提起深圳，没有人不知晓“三天一层楼”的“深圳速度”；现如今，提起深圳，人们更加熟知的是拥有“上帝视角”的无人机、世界最薄的柔性显示屏等走在时代前端的高新科技制造业。深圳将质量型发展作为追求目标，以质量技术基础为抓手，率先实现了发展动力转换和结构性改革，发展质量与发展速度相得益彰。

2. 国家质量技术基础打造“浙江制造”品牌

浙江是制造业大省，相当一批产业和产品的市场占有率、出口规模居全国前列。但是，也存在制造业核心竞争力和自主创新能力不强、知名品牌不多、质量效益不够理想等问题。

近年来，浙江省以标准和认证为抓手，大力打造“浙江制造”品牌，通过高标准的运用实施引领“浙江制造”的高品质发展，对符合高标准、高品质要求的浙江产品，进行“浙江制造”认证。通过持续和整体培育，不断形成集质量、技术、服务、信誉为一体，市场与社会公认的“浙江制造”区域综合品牌。

“浙江制造”标准的产生和认证过程采用市场化运作、政府引导的模式。其认证过程按照“企业自主申明＋第三方认证＋政府监管”的模式进行。“浙江制造”的标准很高，要通过这个认证，必须通过管理和产品的双重认证。截至 2017 年 8 月，浙江已研制品字标“浙江制造”认证标准 232 项，发布标准 188 项，已有 82 家浙江制造企业获得 138 张品字标“浙江制造”品牌证书。

湖州南浔区有专业地板生产企业 339 家，规模以上生产企业 146 家，其中年产值超亿元的企业 23 家。2014 年，被确定为“浙江制造”7 个试点县区之一后，南浔选取木地板产业作为培育对象，推进“浙江制造”品牌建设。该区产学研多方联动，共同制定了两项产品标准《实木地板》和《实木复合地板》，都严于国家标准和行业标准。通过标准的制定、实施与推广，企业生产行为更加优化，产品质量不断提高。优势企业还参与多项国际标准、国家标准、行业标准的制修订，进一步确立了南浔在地板行业中的技术领先地位。

（四）国家层面

1. 国家质量技术基础助力新加坡有效节水

新加坡人均水资源量排名世界倒数第二，是世界上极度缺水的国家之一。面对水资源匮乏的严峻挑战，新加坡制定了科学合理的水资源评价标准，建立了具有统一标准和认证标识的节水认证体系，通过将国家质量技术基础应用于水资源管理，规范了人们的用水行为，减少了水资源浪费，解决了关乎国计民生的水资源紧张问题。

新加坡公用事业局推行水效标签计划（以下简称“WELS”），规定所有在新加坡销售的卫浴产品，包括水龙头等，必须符合 WELS 认证。对于洗衣机等，虽然没有强制性规定，但鼓励购买带有 WELS 标志的产品。新加坡水龙头必备的节水环和节水阀，可以节约用水量 10% 。

新加坡的节水认证体系主要功效有：一是设立绿色建筑科研基金，鼓励大专院校及科研机构研究发展可使用的绿色建筑新技术、新工艺、新材料等；二是在工业园区推行绿色建筑规定，要求 5000 平方米以上新建和改扩建项目达到园区标准水平；三是推行能源评估管理模式，对现有建筑进行能耗建筑标识；四是推行能源评估和改善，对能源管理成效显著的项目予以奖励。

2. 乌克兰“重构国家质量技术基础”促进对外贸易

《乌克兰质量技术基础评估：来自 WTO 和加入欧盟的挑战》研究报告显示：乌克兰国家质量技术基础主体仍是政府高度管控的苏联模式，与欧盟、经济合作与发展组织（OECD）国家在标准、合格评定模式等方面相差甚大，这些因素制约乌克兰经济和对外贸易的发展。为了重振乌克兰经济，促进对外贸易、开拓国际市场、增强国际竞争力，重构国家质量技术基础体系显得非常迫切。

具体来看，乌克兰国家质量技术基础的核心要素存在以下诸多问题：

（1）标准方面。在乌克兰，几乎所有商品和贸易的标准都是强制性的，都是为国家利益服务的，扮演的主要角色是技术管理规范，目的是为了实现国家管制，而不是提高工业竞争力。乌克兰的大多数现行标准仍是苏联时代的，这些过时的标准抑制了技术创新。

（2）计量方面。苏联解体后，乌克兰计量体系面临的最大挑战是缺乏国际可追溯性，计量测量系统无法得到国际认可，不能适应现代市场经济模式，不仅与 WTO 成员国不得额外设置贸易壁垒的义务不相匹配，也与欧盟强制性的技术和行政要求不相符合，急需进行改革。

（3）合格评定方面。乌克兰合格评定体系是基于政府管制的苏联模式，这与欧盟、经合组织国家的市场经济模式下的合格评定体系完全不同，无法实现互认。乌克兰的合格评价体系也并没有建立在风险管理的基础上，给企业带来了极大负担。

为了改变这种现状，乌克兰国家认证机构（NAAU）与英国国家物理实验室（NPL）、英国皇家认可委员会（UKAS）、英国标准学会（BSI）以及欧盟边境援助团（EUBAM）加强合作，乌克兰国家认证机构的合格评定服务逐渐得到了国际认可。相关国际组织分析了乌克兰的合格评定体系，对乌克兰国家认证机构制定了相应的发展计划。通过学习、借鉴和分享欧盟合格评定机构的经验，乌克兰相关标准化实验室的合格评定程序不断完善，能力水平不断提高，为乌克兰产品走向国际市场打下了良好的基础。

3. 国家质量技术基础提升加纳中小微企业竞争力和就业率

世界银行加纳中小微企业支持项目从 2006 年实施至今，投资近 6100 万美元。项目通过推进相关改革，消除制约商业发展的限制因素（如技术贸易壁垒等），促进投资环境改善，提升加纳中小微型企业的竞争力和就业能力。

项目主要目标包括：

——建立新的符合国际要求的监管机制和制度框架；

——增强加纳认证机构和实验室的人员能力和技术水平，融入全球合格评定网络；

——提高加纳企业对合格评定的认知度，鼓励企业建立质量管理体系和 HACCP 认证，拓展合格评定服务的市场。

这个项目有助于完善加纳国家质量技术基础，包括建立相应的国家认证认可机构，建设设施完备的实验室，健全人力资源和相关制度体系。

（五）区域层面

例如：东非共同体国家质量技术基础推动国际贸易、减少贫穷：由东非共同体秘书处和德国发展研究中心合作历时 9 年实施的“建立东非共同体的质量技术基础”项目，是一个贴合需求的区域质量技术基础系统，能够实现货物在区域内的自由交易。项目的总体目标是增强东非共同体之间的合作，增加贸易量来促进经济发展并减少贫穷。具体来说，就是通过建立区域 QI 的法律框架，发展协调一致的标准，制定在东非共同体内相互认可的质量评定标准，建立共同体内国家互认的认证体系，把 QI 塑造成为区域合作的一种组成部分，使得 QI 系统与区域法律框架融合在一起。项目建立了适用区域质量技术基础并与 WTO 相兼容的立法框架（包含共同体内所有国家的质量技术基础机构），并通过了东非共同体的 SQMT（标准、认证、计量、检验检测）法案，实现了共同体内各个国家质量技术基础的统一。

项目遇到的问题：国家工业发展的优先级有时候会与东非共同体的有关原则相冲突。成员国经常推迟甚至拒绝在国家层面实施 SQMT 法案，而东非共同体秘书处又缺乏行政约束能力，致使共同体各成员国质量技术基础融合非常缓慢。很多成员国没有兴趣减少本国的一些标准，来实施统一的标准。私营部门对实施 QI 系统带来的机会犹豫不决。改变根深蒂固的旧有国家质量技术基础，需要的时间远远超过预期。

项目实施的有利因素是：有一个高水平统一的东非共同体秘书处协调各方的活动，建立了良好的制度和沟通协调机制。项目采用一体化原则整体推进，各组织之间密切合作，推动制度建设和政策改革。市场对共同体的质量技术基础一体化服务有强烈需求。

目前，该项目在政策层面已通过了 SQMT 法案，确保了东非共同体成员国之间的贸易在质量技术基础方面协调统一。在标准方面，1100 多条标准被统一。在合格评定方面，建立了东非合格评定委员会，各国之间的互认为企业减少了大量成本，建立了东非共同体之间的贸易信任，推动技术能力构建、国际合作的良好发展。

总之，东非共同体区域质量技术基础建设促进了成员国间的贸易，帮助企业开拓了市场，在一定程度上减轻了贫困。

第三章　国家质量技术基础建设的国际经验

质量提升是关乎经济振兴和国运民生的大事，国家质量技术基础是质量提升的基石。近年来，随着经济全球化的发展，各国对质量的认识不断提高，欧美日等发达国家都采取了一系列措施，来加强国家质量技术基础建设，促进质量提升，强化产业竞争力，这些国家所采取的相关举措值得我们充分关注和借鉴。

一、主要国家质量技术基础建设特点

（一）美国

美国是质量强国，质量技术基础能力很强，拥有高精尖的技术、高品质的产品、享誉世界的品牌等等。比如，美国的 NIST-F2 原子钟，是世界上最精准的计时工具，3 亿年误差不超过 1 秒。美国是品牌大国，2016 年《财富》杂志公布世界 500 强榜单中，美国企业上榜数量世界第一。美国的技术创新、产品质量的提高以及品牌的建立都与美国高水平的国家质量技术基础息息相关。

1. 高度重视国家质量技术基础的研发创新

美国全国研发（R&D）投入占 GDP 的比重，在二战后大部分时间总体保持为 2%~3% 。美国国家标准与技术研究院（NIST）与国家科学基金会、能源部科学局一起，并列为美国“三大科学机构”，可见美国对计量与标准的重视。奥巴马政府不断强调科技创新对美国保持世界创新领先地位的重要性，持续加大对“三大科学机构”的预算。2015 年 10 月21 日，美国科技政策办公室发布了最新版的《美国创新战略》，该战略提出了要优先发展并取得突破性成果的九大领域，如“精准医学”等，精准医疗的实施依赖于准确的测量，前提是有刻度准确的“尺子”或“砝码”。

2. 设立专项基金促进国家质量技术基础建设

（1）消费者参与基金

美国国家标准学会（ANSI）设立消费者基金，为消费者团体参与标准化有关的活动提供经费支持。该基金帮助消费者组织招聘消费者代表，参与 ANSI 和国际标准化组织（ISO）的相关活动。该基金还为国际消费品健康与安全组织的相关活动提供支持。

（2）研究和教育基金

美国国家标准学会还设立了研究和教育基金，以资助特殊的研究项目和教育倡议。该基金的一个重要措施是，长期将标准化和合格评定纳入到大学课程里，有力促进了质量教育活动，有效提高了人们对标准化的认识。该基金还资助一些以标准为主题的国内外研讨会，推进质量教育和培训活动的普及。

3. 政府资助中小企业质量技术基础服务

美国联邦政府通过美国标准与技术研究院，为中小企业接受有关质量技术基础服务提供50% 的资助费用，帮助小企业按照国家质量奖标准改进质量管理，提高产品质量控制能力，增强企业竞争能力。美国国家标准与技术研究院还出资和企业合作，应用、推广一些新技术成果，解决一些产品质量上的问题。

4. 民间力量充分参与国家质量技术基础建设

美国很多标准是民间组织制定的，这些标准具有很高的权威性，不仅在国内广泛采用，在国际上也有较高评价。美国国家标准学会系非赢利性质的民间标准化团体，但它实际上已成为国家的标准化中心，协调指导全国标准化活动，提供国内外标准化情报，甚至起着行政管理机关的作用。ANSI 还是联邦政府和民间标准化系统之间的桥梁，有力促进了政府系统和民间系统相互配合。

（二）德国

1817 年，德国实现统一后，百废待兴。在夹缝中求生存和发展的“德国制造”，大量仿制英、法、美等发达国家产品，并以低价冲击市场，当时“德国制造”是假冒伪劣、低质劣质的代名词。然而，短短 100 多年时间，大到火车、桥梁，小到厨具、钟表，“德国制造”有口皆碑、享誉世界，成为高质量的标志。

德国为什么能在这么短的时间内扭转人们对“德国制造”的印象，进而崛起为世界强国呢？其中一个关键的因素，就是国家质量技术基础的有效实施。

1. “工业 4.0”战略高度重视国家质量技术建设

在“工业 4.0”战略计划中，德国将提升国家质量技术基础水平和能力作为核心任务之一。该计划明确提出，在关键领域采取的 8 项行动中，建立完善的标准化体系排在第一位。“工业 4.0”中的标准化战略具有“前导 + 研发”的鲜明模式特征，即在研发先进技术的同时，标准化同步甚至超前进行，以便为产业发展及其需求的满足勾勒出整体框架。

2. 标准化工作紧跟并不断满足产业发展的需求

无论是在跟随第一次工业革命，还是引领第二次工业革命的过程中，德国标准化工作始终以满足典型产业的发展需求为宗旨，推动产业发展水平和效率的提升。根据德国标准化协会（DIN）计算，1960—1996 年间，每年 3.3% 的国民生产总值增长中，标准的贡献率占 0.9%，仅次于资本投入，比国内创新和直接从国外购买技术等更加重要。

3. 社会组织在国家质量技术基础建设中积极作为

德国电气、钢铁、船舶、汽车等各个领域的行业组织，不仅关注自身行业的标准制修订，而且大力开展行业间的融合交流与技术合作，推动德国标准化整体水平的提升，不断提升产业竞争力。依据“工业 4.0”工作组的建议，德国电气电子和信息技术协会发表了“工业标准化路线图”。德国标准的优势，不仅体现在一份份领先的技术标准上，更在于构建了政府、社会共建质量技术基础的机制体制。德国政府与德国标准化协会的合作关系协议、德国标准化协会的标准化工作指南共同保障了标准化工作机制的有效运行。

4. 质量认证体系覆盖范围广泛

德国组建了多个知名机构，如德国联邦物理技术研究院（PTB）、德国电气工程师协会（VDE）、莱茵集团（TÜV）、TÜV 南德意志集团等，为各领域的产品和服务提供质量认证，形成了“产品质量保证与标识研究所认证体系”（RAL）、“质量安全体系”（QS）等覆盖范围广泛的认证体系。这些知名机构出具的报告在欧盟区域内被认可，有效提升了竞争力，有力保障了产品和服务的质量与安全。

（三）日本

美国质量管理大师约瑟夫·莫西·朱兰认为：“日本的经济振兴是一次成功的质量革命”。日本的“东洋货”一度成为劣质品的代名词。“第二次世界大战”后，日本掀起了“质量救国”的热潮，持续提高国家质量技术基础能力，有效提升了质量管理水平，形成了一套日本特色的全面质量管理（TQM）思路，塑造了日本民族的“匠人精神”。

1. 高度重视国家质量基础在国际竞争中的支撑和引领作用

日本首相牵头制定国际标准综合战略，积极参加 ISO/IEC 组织的国际标准审议，实现 ISO/IEC 国内审议团体和 JIS 标准草案制定团体的一体化。日本经济产业省研究制定了“知的基盘”政策体系架构，将标准、计量等“基础知识”作为国家的公共财产，充分发挥其在国际竞争中的支撑和引领作用。日本在《21 世纪委员会报告》中提出制定分专业的标准化战略，提倡标准化相关方扩大参与度、形成更密切合作关系，提升标准的市场适应性和供给效率。日本还强调技术标准和科技研发的协调发展、高新技术领域的标准化，在《国家产业技术总体战略》《科学技术基础计划》中明确提出，同步推进标准化政策和产业技术政策，倡导联合企业、大学等战略性、计划性地推进标准化与研发活动，为提升竞争力奠定了坚实的基础。

2. 充分利用国家质量技术基础维护国家利益

日本凭借科技、管理、环保等方面的优势，充分利用技术性贸易措施中的质量技术基础要素，制定了日本版《化学品的注册、评估、授权和限制》（REACH）、肯定列表等典型的贸易措施。日本还利用在某些领域的技术垄断地位，通过《食品卫生法》《提高资源有效利用法实施令》等法律法规，以及绿色技术标准、绿色环境标志和绿色包装制度等，对入境的农产品、畜产品及食品实行严格的 TBT、SPS 管理，对电子、电器产品采取强制性技术限制，不仅要求进口产品质量达标，而且规定产品生产、运输、销售和消费的全过程都要无害于环境和国民健康。

3. 不断完善国家质量技术基础合作交流机制

日本积极与德国等发达国家就物联网、大数据等领域的先进经验，及国际标准化提案等开展合作，日本经济产业省与德国经济与能源部发表《物联网和工业 4.0 合作共同声明》，确立了在国际标准化方面的合作计划。日本私营企业联合发起创立了名为“工业价值链计划（IVI）”的志愿团体，通过建立顶层的框架体系，让不同的企业通过接口，能够在一种“松耦合”的情况下相互连接，把解决问题的形式“标准化”，积累了“宽松标准”，确定了 8 个方面的模型和要求（生产技术信息、生产现场信息管理、计划作业协作、企业间合作、企业全平台、预测性维护、设备管理、维修服务），搭建了一个实现多赢的工厂生态系统。

（四）韩国

1. 注重构建智慧质量管理体系

韩国国家技术标准署基于《质量管理及工业品安全管理法》发布实施《第四次质量管理基本计划（2016—2020年）》，提出“确保智慧质量创新能力，确保全球质量竞争力的优势，夯实小微企业发展质量的基础，营造促进质量发展的大环境”的推进目标。针对推进目标，韩国研发并推广基于信息通信技术（ICT）的质量管理方法，通过导入智慧工厂，构建了能够实现预测质量问题的质量管理体系。通过导入ICT技术，打破以往“事后检查”现状，通过事先收集并分析大数据，实现了质量管理体系向“事前监管”进化。通过政府机构间合作，根据智能工程建设水平，逐步推广新型质量管理体系。在复合型产业领域，研发并推广质量及性能测试标准，进一步提升制造业的软实力。

2. 注重国家质量技术基础教育和培训

韩国政府出资编写标准化教材，持续投入资金开展对企业的各类标准化教育和培训，主要内容包括：全球标准化领导、标准化战略、涉及标准化的英语写作技巧等方面的课程。韩国还将标准化教育作为大学的基本课程，对在校大学生每年进行40个小时的标准化教育。标准化教科书全部由政府资助编写，免费提供给各大学。

3. 注重为中小企业提供质量技术服务和支持

为了避免资源浪费和重复建设，韩国政府建立了权威检测机构，中小企业厅下设检测实验室、技术质量研究院、试验研究院。这些机构的作用不仅局限于监督产品的质量，还积极为中小企业提供相关服务和技术支持，既充分利用了认可、认证、检验的资源，也使企业与相关机构形成了互惠互利的密切合作关系。为加强中小企业质量创新能力，韩国大力研发共性质量技术的改善技术，已解决对中小企业产生深远影响的产品和生产流程的问题，持续研究并推广质量竞争的优势因素，为提升重点贸易领域的中小企业质量引领能力奠定基础。

（五）新加坡

新加坡为何能从一个相对落后的东南亚小国，迅速发展成为人均 GDP 超过 6 万美元的亚洲“四小龙”？个中原因很多，其中关键的一条经验，就是重视国家质量技术基础建设，特别是标准化管理。新加坡政府把标准化与质量管理放在同一框架内，让标准化渗透经济社会每一角落，从而进入了国家发展快车道。

1. 政府大力支持国家质量技术基础建设

新加坡把标准化工作作为国家经济发展战略的重要一环，从提高产业国际竞争力、抢占产业战略高点的需要出发，积极引导具有战略意义的技术标准转化为国家标准，极大地促进了产业结构调整。

新加坡全面实施了标准化促进生产力计划，提出了“鼓励采用标准化援助计划”。仅采标一项，每年的援助资金就达 2000 万新元。最近政府还宣布将拨出 4 亿新元，用于能源、食品和城市可持续发展方面的标准化创新研发。

2. 在国际舞台积极作为

新加坡国家虽小，但视野不小，在全方位加强本国质量技术基础建设的同时，把眼光瞄向了世界。

在国际标准化组织中，新加坡积极作为，参与超过 260 个国际标准化组织（ISO）技术委员会和国际电工委员会（IEC），其中，新加坡主导的国际标准技术委员会有 6 个，有力地维护了本国企业的利益。

新加坡与韩国签署自由贸易协定，这个全面性的自由贸易协定，除了货物贸易外，还包括认证合作、金融服务、电子商务等领域。

3. 高度重视标准国际合作

新加坡注重本国标准与国际标准的接轨，大部分产品直接采用国际标准或国际先进标准，鼓励企业采用国家或国际先进标准，加强质量认证，提高国际市场的认知度和认可度，有力地提高了质量竞争力，促进了本国产品出口。

为了消除本国产品走向国际市场的障碍，新加坡与多个国家签订了标准互认协定。新加坡与英国、德国、澳大利亚以及中东国家之间，均签订加强标准化合作谅解备忘录，计划未来几年与相关国家合作制定50项标准。

二、主要国家质量技术基础建设的启示

各国基于不同国情发展起来的国家质量技术基础，具有各自不同的特点。通过对典型国家质量技术基础建设的横向比较分析，能够发现一些共同特征：无论经济社会发展处于什么阶段，都高度重视国家质量技术基础的法制建设和能力建设，高度重视多方参与和国际合作。这些特点从一定意义上反映了国家质量技术基础建设的内在需求。

（一）注重法制建设

完善的法律法规体系是保障国家质量技术基础稳健有序运行的关键。主要发达国家在国家质量技术基础的顶层设计中，都把法律法规作为发展国家质量技术基础的强大力量，持续推进质量法制建设。

美国在20世纪80年代制定了《质量提高促进法》，鼓励企业加强质量管理，改善产品质量，提升市场竞争力。近年来，针对制造业出现的空心化倾向，先后出台了《2009复兴与再投资法》《2009清洁能源与安全法》《2010制造业促进法》，形成了振兴制造业的法律框架。为了推进标准化工作，美国国会通过《国家技术转让和促进法案》，加强民间标准制定机构和公共标准制定机构的关系，鼓励在政府法规或专用标准中尽量采用自愿性标准。

德国以欧盟法规和标准为基础，在本国范围内制定了完善的、行业划

分明确的法律、法规和标准。制定了《计量法》《设备安全法》《产品安全法》《食品法》等，这些法律法规为“德国质量”提供了法制保障。德国联邦政府发布的德国“工业4.0”战略计划实施建议，将质量提升作为一项重要任务，强调应提升产品、服务、基础设施、技术和标准的质量。在德国具有较大影响力的质量认证体系包括“德国产品质量保证与标识研究所认证体系”（RAL）、“质量与安全体系”（QS）以及“生态食品印章和普通食品印章体系”，这些质量认证体系以食品安全国际法、欧盟及德国相关法律为基础，有效改善了德国的食品质量与安全。

日本以立法的形式确立了计量、标准、检验检测、认证认可制度设计和运行体制，出台《计量法》《工业标准化法》《消费生活产品安全法》《电气用品安全法》等一系列法律。为了促进产业复兴、培育战略市场，日本把质量作为提振经济的重要工具，颁布《日本复兴战略》和《产业竞争力强化法》。2017年2月，日本内阁府根据《日本复兴战略（2016）》，发布《强化产业竞争力行动计划（2017）》，提出加强国际标准化合作以抢占国际标准话语权，以新型食品质量安全标准全面提升日本农林水产品的质量和竞争力等内容。

作为政府主导的外向型经济，在不同的发展阶段，韩国制定出台了《计量法》《国家标准法》《质量管理及工业品安全管理法》等一系列法律法规，加强质量技术基础建设，促进质量提升，推动经济发展。《国家标准法》对合格评定程序作出了具体规定，为合格评定活动提供了相关的法律依据。2016年《质量管理及工业品安全管理法》修订为《电器用品及生活用品安全管理法》。

（二）注重能力建设

国家质量技术基础属于“准公共产品”，主要发达国家都强化政府公共干预，在制度上和经费投入上给予充分保障，建立了稳定的国家投入机制，有力支撑了国家质量技术基础能力建设。

美国对国家质量技术基础研究给予经费保障，支持相关技术的超前研究，在全球引领了产业发展，取得良好的经济效益。以基因组、蛋白组等个体化数据的准确分析为例，美国国家标准与技术研究院（NIST）将支持这些测量标准的研究作为重点优先领域，已连续10年从立项、经费、人员、设备等方面予以倾斜和支持，不断加大投入力度，每年仅在蛋白质组和基因组测量标准研究投入经费就高达500万美元，目前已建立了一批有机生化及生物大分子等高准确度计量方法。美国研制的标准物质，为美国企业生产诊断试剂盒提供溯源技术服务，确保了美国在欧盟市场高达42亿欧元的份额。

金融危机后，西方各主要工业国虽然采取了财政紧缩政策，但对计量科技研究经费投入却持续增加。美国政府2009年向国会提交的政府财政年度预算，把美国国家标准与技术研究院（NIST）的预算经费提高了20%。德国政府拨付给德国联邦物理技术研究院（PTB）的经常性经费由2011年的1.658亿欧元提高到2012年的1.831亿欧元。

日本把技术进步与创新作为提升质量技术基础能力的重要动力，大力支持战略性新兴产业的质量基础建设，抢占世界领先地位，“生活援助型机器人实用化项目”开发的安全标准与规格被认定为国际标准，成立“新制造研究会”研究制定与附加制造技术相关的法律、标准，加大投资力度加速基于大数据的高级测量技术开发，实现了安全和收益两方面的提升。为推动iPS细胞再生医疗技术的产业化，出台《有条件及期限的认证制度》，制定再生医疗及其产品的安全标准与安全对策，加快制定iPS细胞再生医疗周边产业的标准。

韩国产业标准（KS）在环境、质量经营、服务、物流、生物等领域，十年前的标准数几乎为零。随着技术性贸易措施已开始影响到韩国产品在国际市场的准入，韩国加大能力建设力度，越来越重视对上述领域的标准制定和修订工作，并不断扩大标准的覆盖面，不断提高标准的技术水平，使技术性贸易措施的影响最小化，为韩国经济快速崛起提供了基础保障。

（三）注重多方参与

国家质量技术基础建设是系统性工程，需要充分发挥方方面面的作用。从国际看，国家质量技术基础主要存在两种发展模式：一种是市场主导的发展模式，另一种是政府主导的发展模式。不论哪种发展模式，也不论在哪个国家，国家质量技术基础不断发展进步都是社会各方携手努力的结果。

德国商品检验基金会（Stiftung Warentest，SW）、生态测试（OEKO-TEST）等知名测评机构，是德国检测认证行业特殊的参与方。这些机构既不隶属于德国政府，也不属于消费者组织，而是按照市场化原则运作的特殊检测认证企业。它们视独立和公正为生命，不仅成就了自己的品牌，也为德国营造质量消费的环境作出了突出贡献。以德国商品检验基金会为例，该机构基于消费者的视角，吸纳社会各方（包括厂商代表）共同制定SW产品标准（这些标准与企业执行的推荐或强制标准有一定差异），以此评价厂商的产品质量，给出定量和定性的结果，通过自有杂志《测试》向消费者公布。据调查，96%的德国人都知道SW，2/3的德国人在购买重要商品前会参考SW的测试报告。

美国国家标准与技术研究院是美国官方的标准化和计量管理机构，美国商务部设立企业和政府标准化圆桌会议，建立了政府与13个产业的联络机制，充分发挥社会各方在标准研制等工作上的作用。在美国，虽然很多标准是民间组织制定的，但是，依然具有很高的权威性，不仅在国内广泛采用，甚至在国际上获得认可，被其他国家采用。美国民间消费者权益保护机构历史悠久且发达成熟，三大消费者民间机构——美国消费者利益委员会（ACBC）、美国消费者联合会（ACA）及美国消费者联盟（ACL），积极参与国家质量技术基础建设。美国国家标准学会设立专项基金，资助消费者代表参与国家质量技术基础相关活动。

（四）注重国际合作

国际合作是国家质量技术基础创新发展的“催化剂”和“助推器”。金融危机后，国际市场需求不振，全球保护主义抬头，各经济体出台了越来越多的技术性贸易措施，对现有的国际贸易秩序造成冲击，国家质量技术基础国际合作变得更为重要。

在这一背景下，近年来，新的区域性质量技术基础组织不断出现。美洲国家合作成立了“美洲国家质量技术基础委员会”，北非国家建立“北非共同体质量技术基础”，东非共同体国家启动了“东非共同体质量技术基础”研究。

各国积极加入质量技术基础相关国际组织，踊跃参与国际交流活动，大力提升国际合作水平。标准方面，世界最大的标准化组织 ISO 已拥有 165 个成员体国家，占世界总人口的 98%、GDP 的 97%。计量方面，目前已有 56 个成员国和 39 个附属成员国家和经济体，加入到了“米制公约”成员国，逐步实现测量与校准结果的相互承认，推动全球计量体系的形成。认证认可方面，各国积极加入国际认可论坛（IAF）、太平洋认可合作组织（PAC）、国际实验室认可组织（ILAC），以推动各种认证结果互认，减少重复检测认证工作。检验检测方面，全球领先的第三方检验检测认证机构如瑞士 SGS、法国 BV、英国 Intertek、德国 TÜV 等积极推进国际化战略。

德国标准化协会（DIN）是国际标准化组织 ISO 的重要成员，在欧洲标准化活动中，DIN 参与程度最高，在国际标准化活动中，DIN 的参与程度仅次于美国，位居第二。DIN 每年发布上千项行业标准，约 90% 被欧洲及世界各国采用。

三、国家质量技术基础的国际发展态势

质量技术基础的发展与经济的发展相同步，与科技的进步正相关。随

着经济全球化和科学技术发展的突飞猛进，国际质量技术基础进入高速发展的快车道，呈现生机勃勃的新气象。

（一）技术升级越来越快

20 世纪以来，世界发生翻天覆地的变化，新技术、新产品、新业态如雨后春笋般层出不穷，人类认知世界的测量精度不断得到提升，标准应用的范围不断得到扩大，检测认证的领域不断拓展，一些基础性、前沿性质量技术基础科研成果不断涌现。以计量为例，量子科学的飞速发展带来国际单位制的重大技术变革，各国都在努力构建以量子基准为核心的新一代计量基标准体系。这是各国计量科技提升国际竞争力的重要机遇与挑战，是国家质量技术基础升级换代与快速发展的主要驱动力，将对各国的经济、科技、社会等各方面产生深刻影响。面对这一重大机遇，许多国家持续加大研发力度，不断提升测量结果的准确度，在温度、光度、质量、物质量等方面，加速建立稳定性极高的新型计量基准。

（二）重视程度越来越高

世界主要发达国家都将提高质量技术基础水平上升到国家战略层面。美、德等 44 个国家将计量写入宪法，美国“创新战略”提出，为美国国家标准和技术研究院提供双倍经费支持，每年投入近 10 亿美元，主要支持基础性公益性计量技术和标准研制；欧盟“地平线 2020 计划”投入 137.57 亿欧元资金，支持生物、信息通信、先进制造和加工技术等方面的研究、示范、标准化和认证；德国实施“工业 4.0”计划，将标准、计量、认证作为核心战略。

许多发展中国家在制定国家发展战略中突出强调标准、计量等国家质量技术基础的建设。马来西亚将标准和标准化作为实现 2020 年远景规划的重要手段，制定了《国家标准战略与实施计划》，以此促进国家经济贸易发展。印尼在实施 2010—2014 年国家标准化战略计划基础上，制定了

2015—2025 年国家标准化战略，把提高人民生活水平和增强国家竞争力作为国家标准化体系建设的目标。

（三）区域组织越来越多

为了促进区域内各个国家的质量技术基础建设，协调成员国的质量技术基础相关活动，分享相关情报，东盟、东非共同体等区域性组织以及美洲国家相继成立了区域性国家质量技术基础组织。

美洲质量技术基础的发展是区域性质量技术基础影响力不断增强的一个缩影。2014 年 8 月 29 日，美洲质量技术基础委员会（Quality Infrastructure Council of the Americas，QICA）正式成立，成为三个区域性质量技术基础组织的领导者。这三个由美洲各个国家成员组成的区域性组织分别为：泛美标准技术委员会（The Pan American Standards Commission，COPANT）——促进技术标准化的发展以及成员间相关的活动；美洲认可合作组织（The Inter American Accreditation Cooperation，IAAC）——促进组织成员之间的国际认可，并且通过成员间隶属的合格评定机构来促进认证报告书和鉴定证明的可接受性；美洲国家间的计量系统（The inter American Metrology System，SIM）——促进计量之间的合作并致力于在美洲内部实施全球的测量系统。美洲质量技术基础委员会既可与三个组织成员联合行动，也可由各自单方行动，旨在增强美洲国家质量技术基础。美洲质量技术基础委员会主要工作内容：建立事件发生的预警以及加强能力建设；通过国家质量技术基础提供的活动显著增加有价值的服务；加入研讨会并进行培训课程；加入特定问题的技术项目；信息和文件交流；专业人才的交流；加入会议处理日常问题；促进国家层面成员之间的合作和协作。

（四）国际合作越来越深入

计量、标准、检验检测、认证认可等国家质量技术基础要素，是各国企业、产品、装备、产能走出去的“敲门砖”。各国纷纷加强与重要贸易大国、周边国家质量技术基础合作磋商机制的搭建与完善，不断拓宽合作领域，深化合作层次，加大国家质量技术基础合作力度，推动计量、标准、合格评定领域的互认，合作化解技术壁垒和贸易摩擦，共同促进国际贸易便利，推动本国质量技术基础走向世界。

各国积极参与国际标准化组织、电工委员会、法制计量组织、世界贸易组织、食品法典委员会、世界动物卫生组织、国际植物保护公约等有关质量技术基础国际组织的活动，大力推动将本国标准转化为国际标准，踊跃参与全球质量安全治理，质量技术基础国际合作空间不断拓展。

（五）发达国家抢先布局越来越积极

国家质量技术基础已经成为国际竞争中的核心要素和战略资源，谁占领了制高点，谁就在未来竞争中获得先发优势和话语权。为了在国际竞争中抢占先机的关键，许多国家抢先布局，争夺质量技术基础这个国际经济科技竞争的“制高点”，把输出本国的质量技术基础作为企业、产业、装备走出去的“先手棋”。

比如在东盟。日本通过政府、民间联合，以日本工业标准（JIS）为基础支持各国制定标准，并于 2015 年年末在东盟开始实施，支持统一东盟标准和共同向国际标准化组织（ISO）提出提案。欧盟从 2009 年起，6 年内投入 1500 万欧元向印尼提供援助，帮助印尼提高出口产品和服务质量，提升标准化、认证和计量机构能力是合作的重要内容。欧美等国检测公司与缅甸、老挝等东盟国家合作共建检测实验室，将欧美的标准、质量体系、认证认可体系输入东盟国家。目前，国际知名检测机构，如 UL、TÜV、SGS、ITS、BV 等均在东盟国家设有分公司，占据相当大的市场份额。

（六）作为技术性贸易措施运用越来越频繁

随着贸易全球化的发展，国家质量技术基础以惊人的速度在国际贸易中应用，其作用越来越明显。随着西方贸易保护主义抬头，国家质量技术基础作为贸易保护措施运用的越来越多。

韩国是我国辣椒出口的重要目标市场，2015 年韩国进口辣椒产品约有 96% 来自我国。近年来，韩国对辣椒产品实施了以质量安全标准为主的技术性贸易保护措施，2010—2016 年我国累计 78 批次出口辣椒产品被扣留。由于两国对辣椒产品农药残留、致病菌、真菌毒素、重金属限量指标和食品添加剂使用要求等方面的规定存在差异，韩国一些指标严于我国，2016 年韩国扣留我国产品批次数量明显增加。

第四章　我国国家质量技术基础现状

一、建设成效

改革开放特别是党的十八大以来，党和国家制定实施了一系列政策措施，国家质量技术基础建设取得了长足发展。颁布实施了《中华人民共和国计量法》(以下简称“计量法”)《中华人民共和国标准化法》(以下简称“标准化法”)《中华人民共和国认证认可条例》《质量发展纲要(2011—2020年)》《计量发展规划(2013—2020年)》《中共中央 国务院关于开展质量提升行动的指导意见》，组建了国家质检总局、国家标准化管理委员会和国家认证认可监督管理委员会，加强对国家质量技术基础的统一管理，具有中国特色的国家质量技术基础体系初步形成，国家质量技术基础对科技进步、产业升级、社会治理、对外交往的支撑作用更加凸显。

1. 计量方面

我国计量事业迎来了新的发展机遇。得到国际承认的校准与测量能力跻身世界前列，达到1423项，位居亚洲首位，国际排名也从第7位上升至第4位，成为国际上少数具有独立完整时间频率体系的国家之一。依法批准建立国家计量基准183项，批准国家标准物质1万多种，全国各级建立社会公用计量标准4.5万余项、计量标准10万余项，形成了较为完善的国家量值传递溯源体系。以修订《计量法》为核心，开展了《限制商品过度包装计量监督管理办法》《计量检定印、证管理办法》《计量授权管理办法》《法定计量检定机构管理办法》等相关法规和规章的制修订工作，形成了由《计量法》、8件计量行政法规、21件计量部门规章、近600件各部门计量规章、30件地方性计量法规以及16件地方政府计量规章构成的计量行政法规体系。建立并完善了纳米新材料、新能源、智能电网、生物安全、先进装备制造等战略性新兴产业亟需的计量基准。在公共安全、医疗卫生、环境保护、食品安全、国防工业等重要领域新建了流量标准装置、天线校准装置、标准太阳电池校准装置、纳米测量装置等一大批高精度计量标准。在基本物理常数、新一代高准确度、高稳定性量子基准等基础前沿领域计量科技取得新的突破。

2. 标准化方面

我国标准国际化水平大幅提升，主导制定ISO标准207项，IEC标准116项，2016年国际标准提案数占到ISO/IEC新提案数超过50%。我国担任ISO/IEC技术机构主席58个，承担秘书处81个，增长了22倍，国际影响力和话语权显著增强。"朋友圈"不断扩大，与43个国家和地区签署合作协议71份，与英国、法国等28个国家和地区签署推动标准一致化协议，发布首批中英互认标准62项。中国标准在"一带一路"国家中认可度不断提升，哈萨克斯坦、土库曼斯坦、越南、泰国等积极采用中国标准作为国家标准，美国、英国、韩国等发达国家纷纷开展研究中国标准化战略，中国标准的国际地位得到极大提升。国家标准、行业标准和地方标准总数达到10万项，覆盖一二三产业和社会事业各领域的标准体系基本形成，主导制定国际标准的数量逐年增加，TD-SCDMA、特高压输变电、数字电视、高速铁路等领域标准达到国际先进水平。标准化引领、支撑、底线、规制作用持续提升，成效显著。

3. 认证认可方面

我国遵循国际通行规则，构建了统一规范、系统完备的认证认可体系。累计颁发各类有效认证证书178.2万余张，包括管理体系认证76.5万张、产品认证101.5万张、服务认证0.15万张，连续多年位居世界第一。认可合格评定机构8516家，认证机构达312家。全国获证组织60.3万余家。创建有机产品认证示范区84个、良好农业规范认证示范区3个、检验检测认证公共服务平台示范区11个。强制性产品认证制度覆盖20大类158种产品，自愿性认证制度覆盖产品、体系、服务、过程和人员领域，认可制度覆盖三大门类11项基础认可制度、24个专项认可制度，检验检测机构资质认定制度覆盖30多个行业。

4. 检验检测方面

全国获得资质认定的检验检测机构共2.4万余家，覆盖建筑工程、环保、卫生、农业、质检、食品、药品、机械、电子、轻工、纺织、航空、国防等国民经济各个领域，服务营业年收入超过1400亿元。推动战略性新兴产业和高新技术产业领域国家质检中心建设，持续强化疫病疫情、有害生物、有毒有害物质等国家检测重点实验室建设，形成了以重点实验室为龙头、区域性中心实验室为骨干、常规实验室为基础的实验室体系。中央财政资金投入64.76亿元，一批高、精、尖检测设备投入使用。

据统计，十八大以来，我国NQI领域共获得国家科技奖14项，研制出国际标准120项，国家标准1059项，国家标准物质总量8400种，国家计量基准183项。截至2017年年底，建设国家法定计量检定机构和国家型式评价实验室296家，检验检测机构数量33235家，认证机构403家，认可合格评定机构9543家。

二、主要问题

尽管国家质量技术基础总体水平获得了长足的进步，有力地支撑了我国经济社会的可持续发展。但是与发达国家相比，我国国家质量技术基础建设仍显薄弱，还有不少差距，不能完全满足经济社会发展的现实需要。主要表现在以下几个方面。

（一）先进性技术有待研发

与欧美发达国家相比，我国的质量技术基础水平存在较大差距，不少关键核心技术依然是空白，受到发达国家的技术封锁。我国提交 ISO、IEC 并正式发布的国际标准仅为 1.58%。新兴产业领域的技术规则制定权几乎由西方国家掌控，这与我国经济地位极不相称。技术机构尚处于一般技术密集型阶段。高端检测仪器设备 90% 依靠进口。由中国率先提出的国际通行的认证认可标准或认证认可制度屈指可数。

（二）系统性建设有待加强

国家质量技术基础四大要素你中有我，我中有你，具有鲜明的系统性特征。我国国家质量技术基础建设涉及部门多、行业多，管理体制较为复杂，协调机制不够健全。计量、标准、认证认可、检验检测等质量技术基础要素的聚合效应还有待充分发挥。曾有媒体以“强制性标准为何成摆设”为题，曝光了一项强制性标准与检测手段不配套的问题，反映的就是质量技术基础系统的结构性问题。强调 NQI 的系统性，就要大力解决标准交叉打架、数据互不印证等不一致现象，持续改进系统内部这种不匹配、不适应等结构性问题。既要重视 NQI 各个要素之间的结构性问题，也要重视各个要素内部的结构性问题，防止单一元素掉队落后、元素之间互相冲突等现象发生，从而实现 $1+1+1+1>4$ 的效果。

（三）竞争性供给有待扩大

基于历史原因，目前，我国国家质量技术基础体系中，计划经济体制的惯性影响依然存在，市场机制和社会力量的作用未能充分发挥，竞争性的国家质量技术基础供给不足。以标准为例，现行标准以政府标准为主，缺少社会组织制定的标准，限制了标准的社会和市场供给。发达国家的经验充分证明，市场竞争是提升质量技术基础供给能力的强大动力。竞争性供给的不足，是导致我国质量技术基础发展缓慢的重要原因。

（四）基础性保障有待夯实

法律法规、信息化建设、经费投入是国家质量技术基础健康发展的基础性保障。我国认证认可条例有十多年未修订，检验检测领域尚无法律法规，已不能完全适应经济社会发展的需要。同时，我国国家质量技术基础信息化建设滞后，“孤岛现象”严重，业务资源、信息资源、人才资源、设备设施等开放共享不够，信息化建设和互联互通亟待加强。另外，国家经费投入严重不足，全国人大代表在两会上呼吁“建议国家设立专项资金支持国家质量技术基础建设，尽快把国家质量技术基础的短板补齐”。

三、“五省一市”质量技术基础调查报告

为了全面了解企业质量技术基础现状，课题组于 2016 年 9 月—11 月对广西、江苏、吉林、内蒙古、甘肃、杭州五省一市企业开展了质量技术基础问卷调查。为了提高调查数据的准确性和有效性，问卷调查范围限定在规模以上企业和当地名牌产品企业。

课题组围绕企业质量技术基础的基本现状、遇到的突出问题，以及取得的成效等一系列问题设计了调查问卷，邀请清华大学、中国计量科学研究院、中国标准化研究院、国家认可委的专家、教授以及五省一市质监局的相关负责同志，召开了专家论证会，反复修改、多次完善调查问卷。

历时三个月的调查，采集了企业质量技术基础工作的基本数据，摸清了企业质量技术基础工作的基本现状，收回有效问卷 2317 份，问卷调查分析如下。

（一）标准化工作调查结果

1. 企业开展的主要标准化工作

结果分析显示：

（1）技术标准化工作方面，1731 家企业开展了此项工作，占比为 76.15%。

（2）管理工作的标准化工作方面，1618 家企业开展了此项工作，占比为 71.18%。

（3）企业标准化参与并支撑质量管理工作方面，1904 家企业开展了此项工作，占比为 83.77%。

（4）同时开展了管理与技术标准化的有 1404 家企业，占比 61.77%。

（5）同时开展了管理与企业标准化的有 1378 家企业，占比 60.62%。

（6）同时开展了技术与企业标准化的有 1425 家企业，占比 62.69%。

（7）同时开展了管理、技术与企业标准化的有 1224 家企业，占比 53.85%。

大部分企业开展了标准化工作，主要体现在技术标准化、管理标准化以及企业标准化参与并支撑质量管理等三个方面。

企业较为关注“企业标准化参与并支撑质量管理工作方面”，而技术、管理工作的标准化方面，远没有达到标准化工作需要，标准化工作相对滞后。详见表 4－1、图 4－1 和图 4－2。

表 4－1 企业标准化工作开展情况的应答情况

企业的标准化工作	有效应答数	有效应答比例/%
选项 1	1731	76.15
选项 2	1618	71.18
选项 3	1904	83.77
选项 1＋2	1404	61.77
选项 1＋3	1425	62.69
选项 2＋3	1378	60.62
选项 1＋2＋3	1224	53.85

注 1：选项 1——技术的标准化工作。
注 2：选项 2——管理的标准化工作。
注 3：选项 3——企业标准化参与并支撑质量管理工作。
注 4：2317 份问卷中，该问题的有效应答数 2273 份，有效应答率 98.10%。

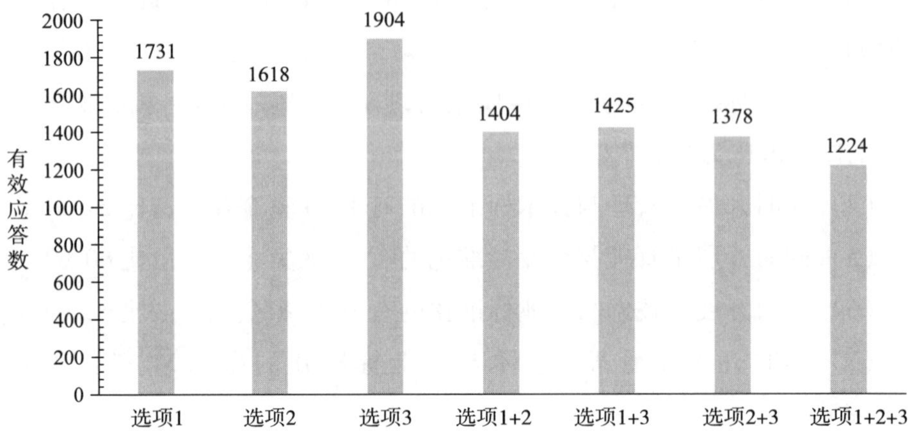

注1：选项1——技术的标准化工作。

注2：选项2——管理的标准化工作。

注3：选项3——企业标准化参与并支撑质量管理工作。

图4－1　调查企业开展标准化工作的有效应答数

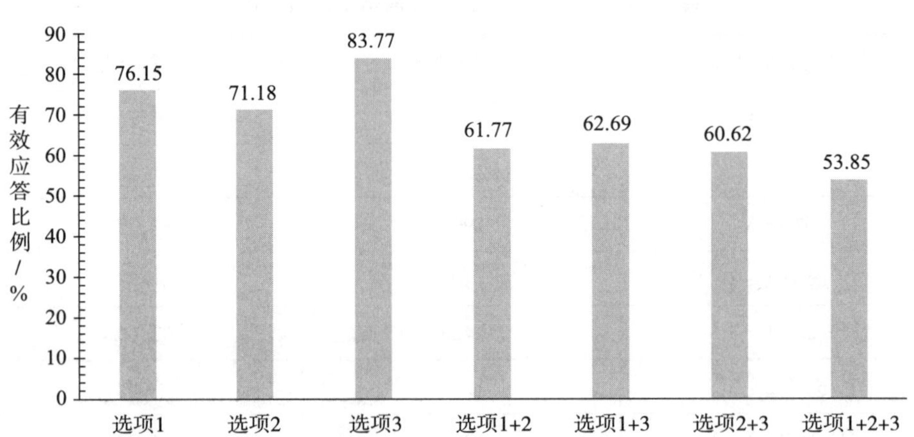

注1：选项1——技术的标准化工作。

注2：选项2——管理的标准化工作。

注3：选项3——企业标准化参与并支撑质量管理工作。

图4－2　调查企业开展标准化工作的有效应答比例

2. 企业标准化工作对管理的支撑作用

结果分析显示：

（1）79.25%的企业认为标准化工作对企业管理的支撑作用主要体现在“企业对新员工进行入厂培训时，含有标准化培训的内容”。

（2）78.71%的企业认为标准化工作对企业管理的支撑作用主要体现在“企业对中层管理人员进行培训时，含有标准化培训的内容”。

（3）86.63%的企业认为标准化工作对企业管理的支撑作用主要体现在“企业对员工进行技能培训时，含有关标准化培训的内容”。

（4）77.50%企业认为标准化工作对企业管理的支撑作用主要体现在“企业标准体系标准文件直接支撑质量管理体系和环境管理体系文件需求”。

（5）61.60%企业认为标准化工作对企业管理的支撑作用主要体现在“企业标准体系技术标准文件可直接支撑产品设计和制造技术，但有关管理过程的要求、质量、环境管理体系各自建立体系文件”。

被调查企业标准化工作对企业管理的支撑作用主要体现在以上五个方面。“企业标准体系技术标准文件可直接支撑产品设计和制造技术，但有关管理过程的要求、质量、环境管理体系各自建立体系文件”方面，仍有超过60%的占比，这表明有关管理过程的要求、质量、环境管理体系各自建立体系文件与产品设计和制造分离，尚不能形成统一的标准体系。详见表4－2、图4－3和图4－4。

表4－2　企业标准化工作对质量管理支撑作用的应答情况

企业标准化工作对质量管理的支撑作用	有效应答数	有效应答比例/%
选项1	1814	79.25
选项2	1804	78.81
选项3	1983	86.63
选项4	1774	77.50

表 4-2（续）

企业标准化工作对质量管理的支撑作用	有效应答数	有效应答比例/%
选项 5	1410	61.60
其他	34	1.49

注 1：选项 1——企业对新员工进行入厂培训时，含有标准化培训的内容。
注 2：选项 2——企业对中层管理人员进行培训时，含有标准化培训的内容。
注 3：选项 3——企业对员工进行技能培训时，含有关标准化培训的内容。
注 4：选项 4——企业标准体系标准文件直接支撑质量管理体系和环境管理体系文件需求。
注 5：选项 5——企业标准体系技术标准文件可直接支撑产品设计和制造技术，但有关管理过程的要求、质量、环境管理体系各自建立体系文件。

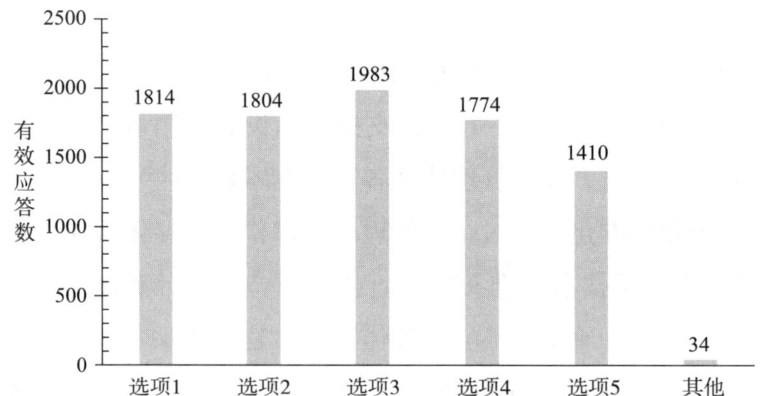

注 1：选项 1——企业对新员工进行入厂培训时，含有标准化培训的内容。
注 2：选项 2——企业对中层管理人员进行培训时，含有标准化培训的内容。
注 3：选项 3——企业对员工进行技能培训时，含有关标准化培训的内容。
注 4：选项 4——企业标准体系标准文件直接支撑质量管理体系和环境管理体系文件需求。
注 5：选项 5——企业标准体系技术标准文件可直接支撑产品设计和制造技术，但有关管理过程的要求、质量、环境管理体系各自建立体系文件。

图 4-3　企业标准化工作对管理的支撑作用的有效应答数

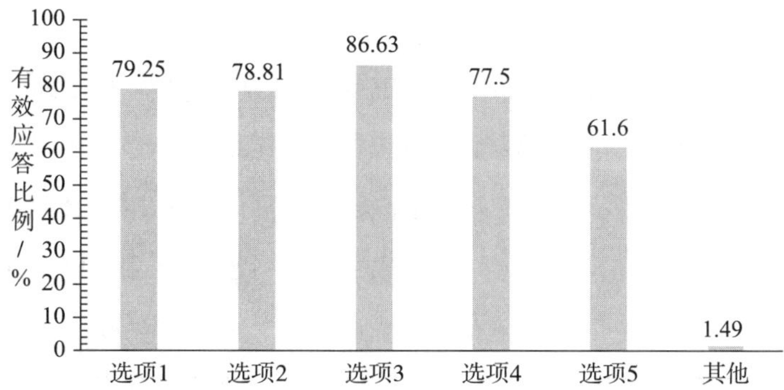

注1：选项1——企业对新员工进行入厂培训时，含有标准化培训的内容。

注2：选项2——企业对中层管理人员进行培训时，含有标准化培训的内容。

注3：选项3——企业对员工进行技能培训时，含有关标准化培训的内容。

注4：选项4——企业标准体系标准文件直接支撑质量管理体系和环境管理体系文件需求。

注5：选项5——企业标准体系技术标准文件可直接支撑产品设计和制造技术，但有关管理过程的要求、质量、环境管理体系各自建立体系文件。

图4－4 企业标准化工作对管理的支撑作用的有效应答比例

3. 企业标准化工作遇到的突出问题

结果分析显示：

（1）42.02%企业标准化工作遇到的突出问题主要为在一些国家标准、行业标准、地方标准滞后老化。

（2）39.36%企业标准化工作遇到的突出问题主要体现在一些国家标准、行业标准、地方标准交叉、重复、矛盾。

（3）47.40%企业标准化工作遇到的突出问题主要体现在一些领域标准缺失方面。

（4）35.83%企业标准化工作遇到的突出问题主要体现在先进的科技成果不能及时转化为标准方面。

（5）30.23%企业标准化工作遇到的突出问题主要体现在企业创新标准的活力难以发挥方面。

（6）27.52%企业标准化工作遇到的突出问题主要体现在企业标准体

系执行缺乏力度方面。

企业标准化工作遇到的突出问题主要体现在以上 6 个方面。其中，最突出的问题表现在“一些领域标准缺失”，占比最高，“一些国家标准、行业标准、地方标准滞后老化”“一些国家标准、行业标准、地方标准交叉、重复、矛盾”也占有相当比重。详见表 4－3、图 4－5 和图 4－6。

表 4－3　企业标准化工作遇到的突出问题的应答情况

企业标准化工作遇到的突出问题	有效应答数	有效应答比例/%
选项 1	930	42.02
选项 2	871	39.36
选项 3	1049	47.40
选项 4	793	35.83
选项 5	669	30.23
选项 6	609	27.52
其他	37	1.67

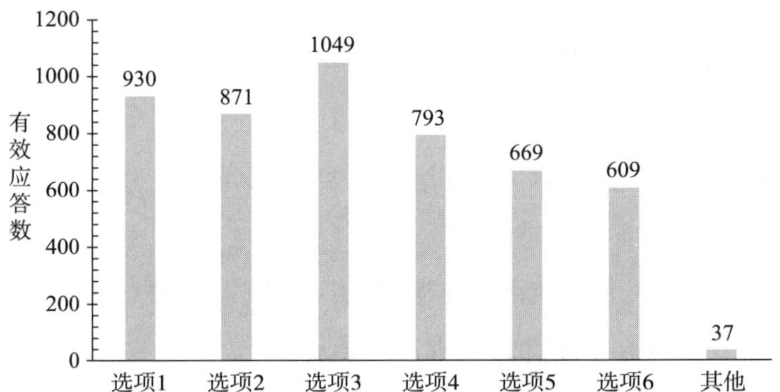

注 1：选项 1——一些国家标准、行业标准、地方标准滞后老化。

注 2：选项 2——一些国家标准、行业标准、地方标准交叉、重复、矛盾。

注 3：选项 3——一些领域标准缺失。

注 4：选项 4——先进的科技成果不能及时转化为标准。

注 5：选项 5——企业创新标准的活力难以发挥。

注 6：选项 6——企业标准体系执行缺乏力度。

图 4－5　企业标准化工作遇到的突出问题的有效应答数

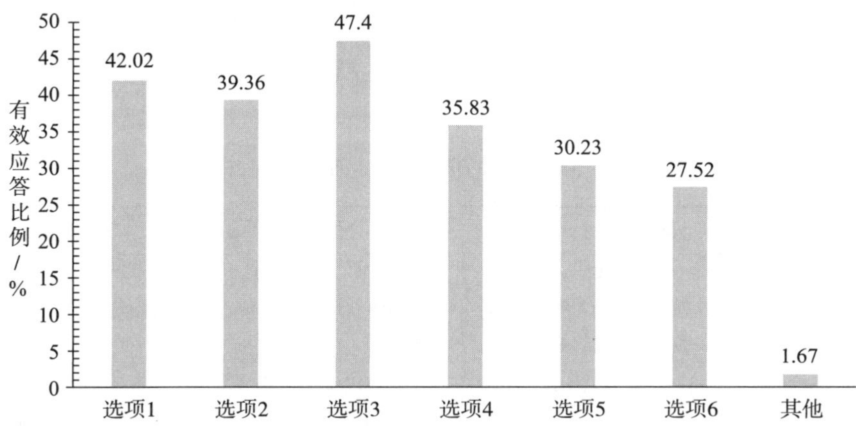

注1：选项1——一些国家标准、行业标准、地方标准滞后老化。

注2：选项2——一些国家标准、行业标准、地方标准交叉、重复、矛盾。

注3：选项3——一些领域标准缺失。

注4：选项4——先进的科技成果不能及时转化为标准。

注5：选项5——企业创新标准的活力难以发挥。

注6：选项6——企业标准体系执行缺乏力度。

图4-6 企业标准化工作遇到的突出问题的有效应答比例

4. 按地区分析

(1) 企业开展的主要标准化工作

结果分析显示：

① 总体来说，杭州、吉林、江苏的企业标准工作开展的较好，技术、管理以及支撑质量管理方面均排在前三位。

② 技术的标准工作方面，吉林、江苏的企业好于其他地区，有效应答比例均在80%以上，其次是杭州。

③ 管理的标准工作方面，杭州、吉林、江苏的企业好于其他地区，有效应答比例均在70%以上。

④ 企业标准化参与并支撑质量管理工作方面，江苏的企业明显优于其他省（市），应答比例达92.54%，杭州、吉林、甘肃的企业也较为突出，应答比例均在80%以上。

⑤ 从每个省份来看，调查企业开展的主要标准工作中，企业标准化参与并支撑质量管理工作方面，均明显优于其他两项。

详见表 4－4、图 4－7 和图 4－8。

表 4－4　企业开展的主要标准化工作的应答情况

地区	选项 1		选项 2		选项 3		选项 1＋2		选项 1＋3		选项 2＋3		选项 1＋2＋3	
	应答数	应答比例/%	应答数	应答比例/%	应答数	应答比例/%	应答数	应答比例/%	应答数	应答比例/%	应答数	应答比例/%	应答数	应答比例/%
甘肃	324	65.19	321	64.59	406	81.69	221	44.47	262	52.72	262	52.72	261	52.52
广西	280	71.43	228	58.16	266	67.86	153	39.03	198	50.51	184	46.94	167	42.60
吉林	316	84.27	294	78.40	327	87.20	233	62.13	269	71.73	275	73.33	253	67.47
江苏	427	81.64	390	74.57	484	92.54	338	64.63	352	67.30	396	75.72	374	71.51
内蒙古	175	68.36	170	66.41	180	70.31	111	43.36	141	55.08	123	48.05	126	49.22
杭州	210	76.64	215	78.47	243	88.69	168	61.31	182	66.42	185	67.52	197	71.90

注 1：选项 1——技术的标准化工作。
注 2：选项 2——管理的标准化工作。
注 3：选项 3——企业标准化参与并支撑质量管理工作。

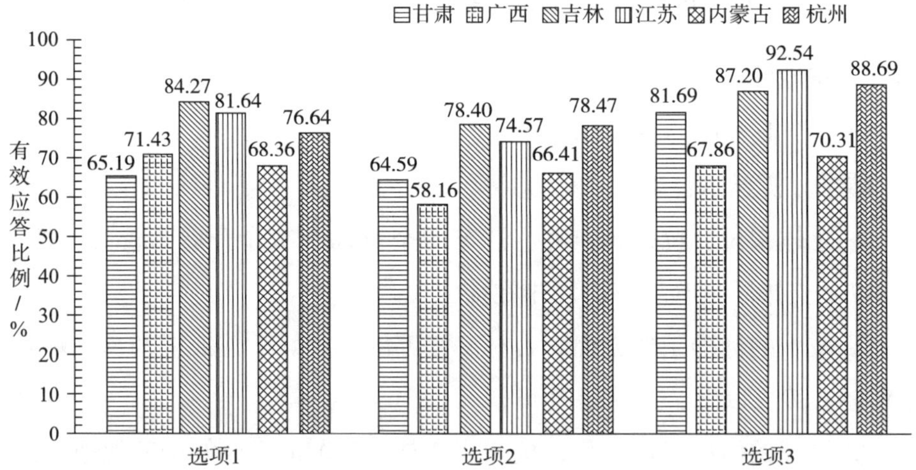

注 1：选项 1——技术的标准化工作。

注 2：选项 2——管理的标准化工作。

注 3：选项 3——企业标准化参与并支撑质量管理工作。

图 4－7　企业标准化工作开展情况各应答选项中不同地区的分布

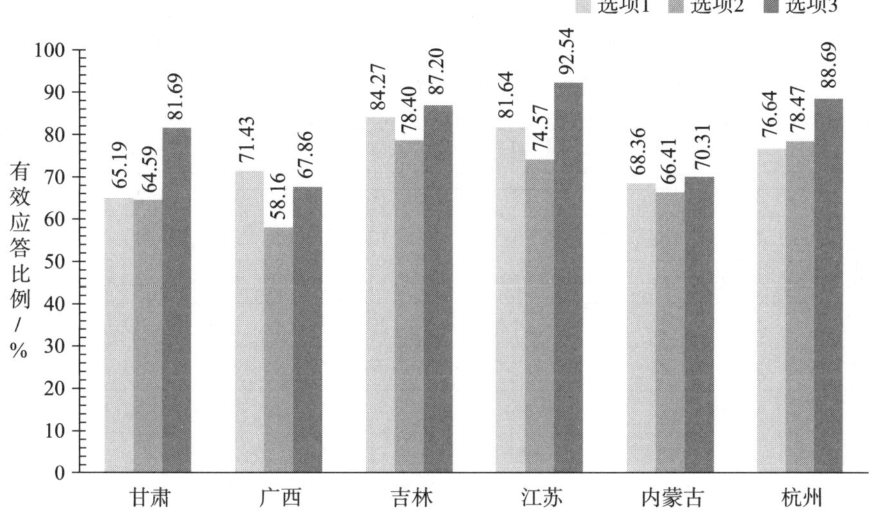

注1：选项1——技术的标准化工作。

注2：选项2——管理的标准化工作。

注3：选项3——企业标准化参与并支撑质量管理工作。

图4－8　不同地区企业标准化工作开展情况的应答选项分布

（2）企业标准化工作遇到的突出问题

结果分析显示：

① 总体来看，标准缺失是最突出的问题。

② 从各个地区来看，标准缺失也是最突出问题，除了吉林省排在第二位，其他地区均排在首位。

③ 标准滞后老化在杭州、吉林、江苏等地区占很高比重，仅次于标准缺失，而在甘肃、内蒙古等地区占比相对较低。

④ 吉林省企业标准化工作面临的最突出问题表现为一些国家标准、行业标准、地方标准交叉、重复、矛盾。

详见表4－5、图4－9和图4－10。

表 4-5　不同地区企业标准化工作遇到的突出问题的应答情况

企业性质	选项 1		选项 2		选项 3		选项 4		选项 5		选项 6	
	有效应答数	有效应答比例/%	有效应答数	有效应答比例/%	有效应答数	有效应答比例/%	有效应答数	有效应答比例/%	有效应答数	有效应答比例/%	有效应答数	有效应答比例/%
甘肃	149	29.98	170	34.21	187	37.63	161	32.39	170	34.21	162	32.60
广西	162	41.33	134	34.18	166	42.35	128	32.65	125	31.89	115	29.34
吉林	166	44.27	180	48.00	179	47.73	149	39.73	108	28.80	86	22.93
江苏	231	44.17	166	31.74	242	46.27	209	39.96	136	26.00	117	22.37
内蒙古	83	32.42	97	37.89	124	48.44	57	22.27	58	22.66	61	23.83
杭州	139	50.73	124	45.26	151	55.11	89	32.48	72	26.28	68	24.82

注 1：选项 1——一些国家标准、行业标准、地方标准滞后老化。
注 2：选项 2——一些国家标准、行业标准、地方标准交叉、重复、矛盾。
注 3：选项 3——一些领域标准缺失。
注 4：选项 4——先进的科技成果不能及时转化为标准。
注 5：选项 5——企业创新标准的活力难以发挥。
注 6：选项 6——企业标准体系执行缺乏力度。

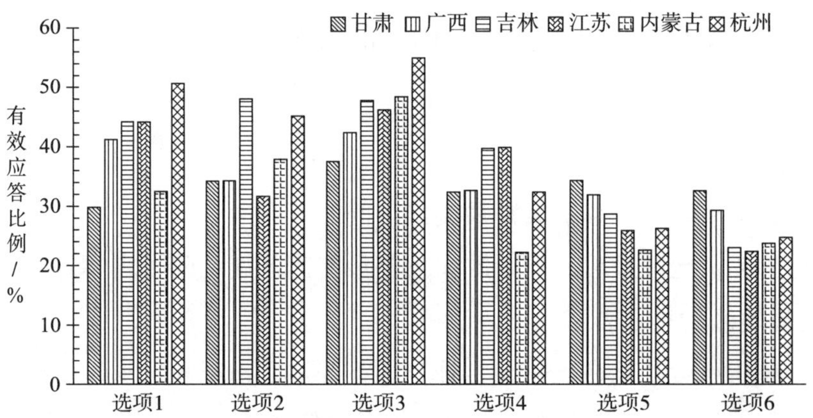

注 1：选项 1——一些国家标准、行业标准、地方标准滞后老化。
注 2：选项 2——一些国家标准、行业标准、地方标准交叉、重复、矛盾。
注 3：选项 3——一些领域标准缺失。
注 4：选项 4——先进的科技成果不能及时转化为标准。
注 5：选项 5——企业创新标准的活力难以发挥。
注 6：选项 6——企业标准体系执行缺乏力度。

图 4-9　企业标准化工作中遇到问题的各应答选项中不同地区的分布

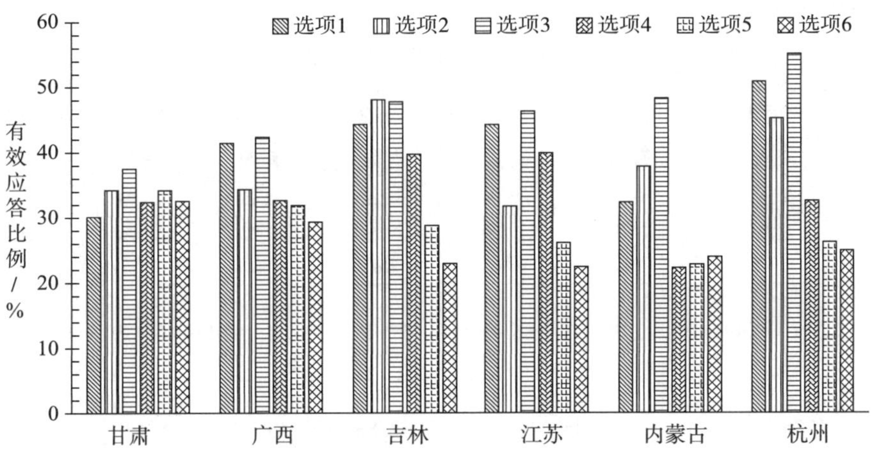

注1：选项1——一些国家标准、行业标准、地方标准滞后老化。

注2：选项2——一些国家标准、行业标准、地方标准交叉、重复、矛盾。

注3：选项3——一些领域标准缺失。

注4：选项4——先进的科技成果不能及时转化为标准。

注5：选项5——企业创新标准的活力难以发挥。

注6：选项6——企业标准体系执行缺乏力度。

图4－10　不同地区企业标准化工作遇到问题的应答选项分布

5. 按企业属性分析

（1）企业开展的主要标准化工作

结果分析显示：

① 技术的标准化方面，外资企业、独资企业表现较好，均在80%以上。

② 管理的标准化方面，外资企业明显占据明显上风，占比81.13%，其他类型的企业均在80%以下。

③ 企业标准化参与并支撑质量管理工作方面，表现均不错，只有私营企业不到80%，其他类型的企业均在80%以上。

④ 总体来说，无论何种性质的企业，在企业展开的主要标准工作方面，企业标准化参与并支撑质量管理工作优于其他两项。

详见表4－6、图4－11和图4－12。

表4－6 不同属性企业开展的主要标准化工作的应答情况

企业性质	选项1		选项2		选项3		选项1+2		选项1+3		选项2+3		选项1+2+3	
	有效应答数	有效应答比例/%	有效应答数	有效应答比例/%	有效应答数	有效应答比例/%	有效应答数	有效应答比例/%	有效应答数	有效应答比例/%	有效应答数	有效应答比例/%	有效应答数	有效应答比例/%
国有企业	205	76.49	191	71.27	231	86.19	154	57.46	172	64.18	179	66.79	166	61.94
民营企业	457	76.17	411	68.50	489	81.50	317	52.83	359	59.83	373	62.17	355	59.17
私营企业	495	68.09	476	65.47	562	77.30	316	43.47	387	53.23	378	51.99	376	51.72
股份制企业	359	79.96	338	75.28	400	89.09	285	63.47	306	68.15	320	71.27	313	69.71
外资企业	44	83.02	43	81.13	47	88.68	35	66.04	40	75.47	39	73.58	37	69.81
独资企业	43	82.69	38	73.08	43	82.69	29	55.77	33	63.46	36	69.23	34	65.38
合资企业	69	75.82	66	72.53	76	83.52	49	53.85	60	65.93	56	61.54	53	58.24
其他	51	85.00	44	73.33	45	75.00	33	55.00	39	65.00	38	63.33	36	60.00

注1：选项1——技术的标准化工作。
注2：选项2——管理的标准化工作。
注3：选项3——企业标准化参与并支撑质量管理工作。

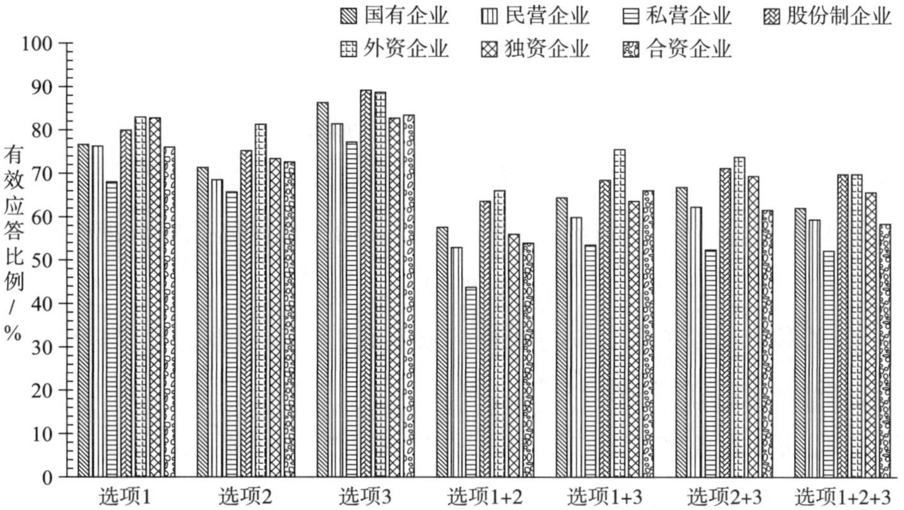

注1：选项1——技术的标准化工作。

注2：选项2——管理的标准化工作。

注3：选项3——企业标准化参与并支撑质量管理工作。

图4－11 企业标准化工作开展情况各应答选项中不同企业属性的分布

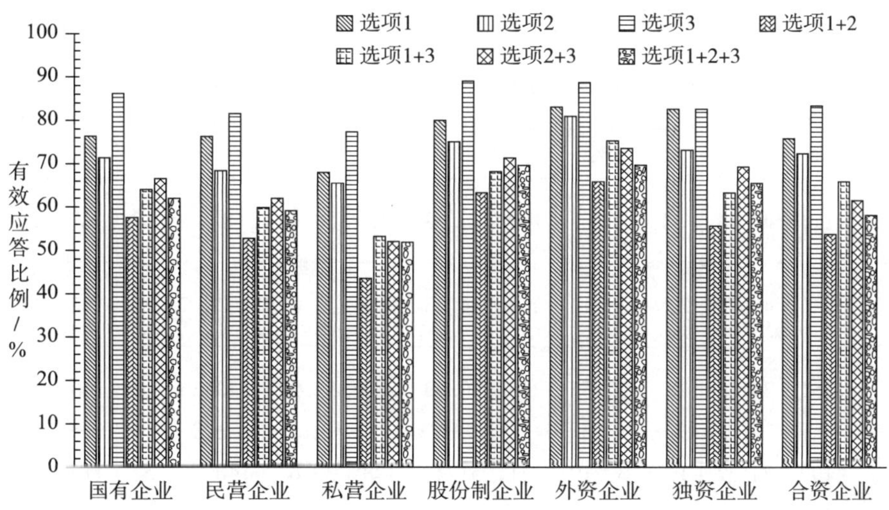

注1：选项1——技术的标准化工作。

注2：选项2——管理的标准化工作。

注3：选项3——企业标准化参与并支撑质量管理工作。

图4－12 不同企业属性企业标准化工作开展情况的应答选项分布

(2) 企业标准化工作遇到的突出问题

结果分析显示:

① 无论何种属性的企业，最突出的问题都是标准缺失，其中股份制、外资企业的占比超过了50%，其他类别的企业也均超过了40%。

② 国有企业、民营企业、合资企业排在第二位的是国家标准、行业标准、地方标准滞后老化，占比均超过40%。

③ 私营企业排在第二位的则是国家标准、行业标准、地方标准交叉、重复、矛盾，其余问题则分布较为均衡。

④ 股份制企业排在第二位的则是国家标准、行业标准、地方标准滞后老化和一些领域标准缺失。

在企业标准化工作过程中，不同属性企业面临的问题既有共性，也有个性。可以看出：标准缺失、滞后老化、重复交叉，成为各企业公认的问题，亟待解决。详见表4-7、图4-13和图4-14。

表4-7 不同属性企业标准化工作遇到的突出问题的应答情况

企业性质	选项1		选项2		选项3		选项4		选项5		选项6	
	有效应答数	有效应答比例/%	有效应答数	有效应答比例/%	有效应答数	有效应答比例/%	有效应答数	有效应答比例/%	有效应答数	有效应答比例/%	有效应答数	有效应答比例/%
国有企业	114	42.54	94	35.07	120	44.78	91	33.96	68	25.37	67	25.00
民营企业	245	40.83	229	38.17	266	44.33	200	33.33	152	25.33	152	25.33
私营企业	251	34.53	273	37.55	298	40.99	235	32.32	240	33.01	206	28.34
股份制企业	199	44.32	167	37.19	231	51.45	178	39.64	146	32.52	116	25.84
外资企业	26	49.06	29	54.72	27	50.94	16	30.19	7	13.21	9	16.98
独资企业	22	42.31	23	44.23	25	48.08	18	34.62	16	30.77	12	23.08

表4－7（续）

企业性质	选项1		选项2		选项3		选项4		选项5		选项6	
	有效应答数	有效应答比例/%	有效应答数	有效应答比例/%	有效应答数	有效应答比例/%	有效应答数	有效应答比例/%	有效应答数	有效应答比例/%	有效应答数	有效应答比例/%
合资企业	40	43.96	28	30.77	43	47.25	34	37.36	17	18.68	20	21.98
其他	29	48.33	22	36.67	32	53.33	18	30.00	16	26.67	17	28.33

注1：选项1——一些国家标准、行业标准、地方标准滞后老化。
注2：选项2——一些国家标准、行业标准、地方标准交叉、重复、矛盾。
注3：选项3——一些领域标准缺失。
注4：选项4——先进的科技成果不能及时转化为标准。
注5：选项5——企业创新标准的活力难以发挥。
注6：选项6——企业标准体系执行缺乏力度。

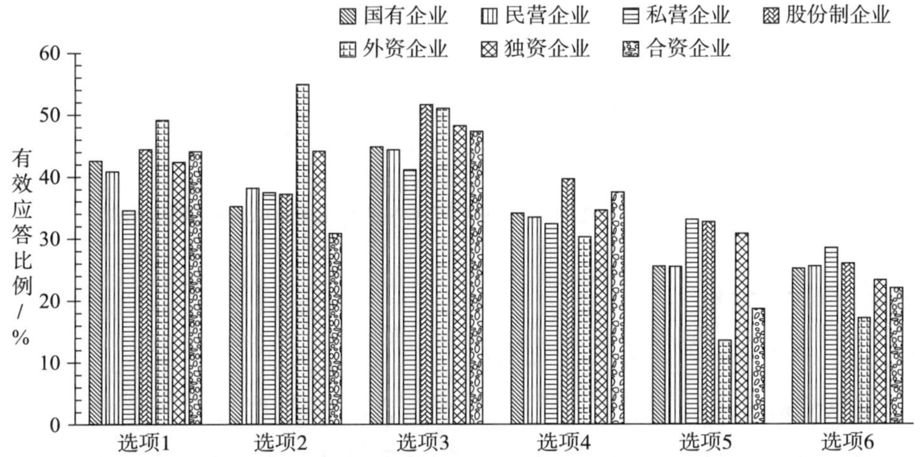

注1：选项1——一些国家标准、行业标准、地方标准滞后老化。

注2：选项2——一些国家标准、行业标准、地方标准交叉、重复、矛盾。

注3：选项3——一些领域标准缺失。

注4：选项4——先进的科技成果不能及时转化为标准。

注5：选项5——企业创新标准的活力难以发挥。

注6：选项6——企业标准体系执行缺乏力度。

图4－13　企业标准化工作中遇到问题的各应答选项中不同企业属性的分布

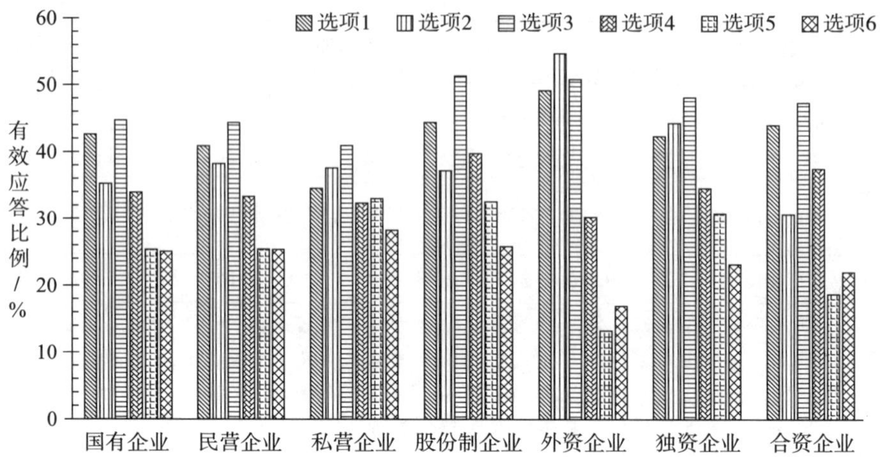

注1：选项1——一些国家标准、行业标准、地方标准滞后老化。

注2：选项2——一些国家标准、行业标准、地方标准交叉、重复、矛盾。

注3：选项3——一些领域标准缺失。

注4：选项4——先进的科技成果不能及时转化为标准。

注5：选项5——企业创新标准的活力难以发挥。

注6：选项6——企业标准体系执行缺乏力度。

图4-14　不同企业属性企业标准化工作中遇到问题的应答选项的分布

6. 按行业分析

（1）企业开展的主要标准化工作

结果分析显示：

① 技术的标准化方面，生物医药、电子电器加工制造业的开展情况明显优于其他行业，占比均超过了80%。

② 管理的标准化方面，生物医药、电子电器加工制造业的开展情况明显优于其他行业，分别占比83.33%、75.11%。

③ 企业标准化参与并支撑质量管理工作方面，各个行业开展情况均占比75%以上，其中，电子电器加工制造业、机械建材制造业最高，均超过了85%。

详见表4-8、图4-15和图4-16。

表 4－8　不同行业企业开展的主要标准化工作的应答情况

行业	选项 1		选项 2		选项 3		选项 1＋2		选项 1＋3		选项 2＋3		选项 1＋2＋3	
	有效应答数	有效应答比例/%	有效应答数	有效应答比例/%	有效应答数	有效应答比例/%	有效应答数	有效应答比例/%	有效应答数	有效应答比例/%	有效应答数	有效应答比例/%	有效应答数	有效应答比例/%
农副食品加工制造业	390	71.96	372	68.63	435	80.26	267	49.26	321	59.23	311	57.38	303	55.90
机械建材制造业	568	76.45	517	69.58	633	85.20	409	55.05	460	61.91	481	64.74	452	60.83
电子电器加工制造业	200	84.39	178	75.11	213	89.87	158	66.67	167	70.46	180	75.95	168	70.89
日用化工	384	71.38	363	67.47	430	79.93	261	48.51	307	57.06	307	57.06	297	55.20
生物医药	94	87.04	90	83.33	87	80.56	64	59.26	77	71.30	78	72.22	72	66.67
信息技术、商贸服务业	58	65.17	62	69.66	68	76.40	41	46.07	43	48.31	43	48.31	56	62.92
其他	17	53.13	18	56.25	24	75.00	11	34.38	13	40.63	11	34.38	16	50.00

注 1：选项 1——技术的标准化工作。
注 2：选项 2——管理的标准化工作。
注 3：选项 3——企业标准化参与并支撑质量管理工作。

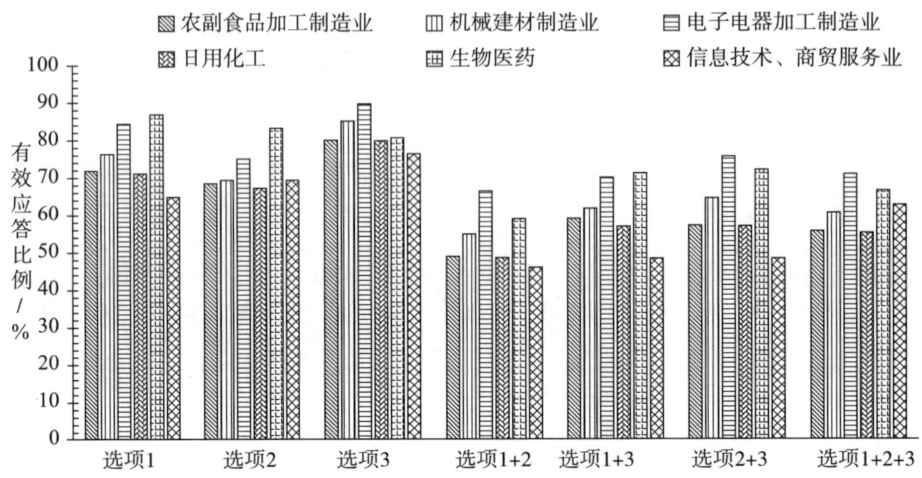

注1：选项1——技术的标准化工作。

注2：选项2——管理的标准化工作。

注3：选项3——企业标准化参与并支撑质量管理工作。

图4－15　企业标准化工作开展情况各应答选项中不同行业的分布

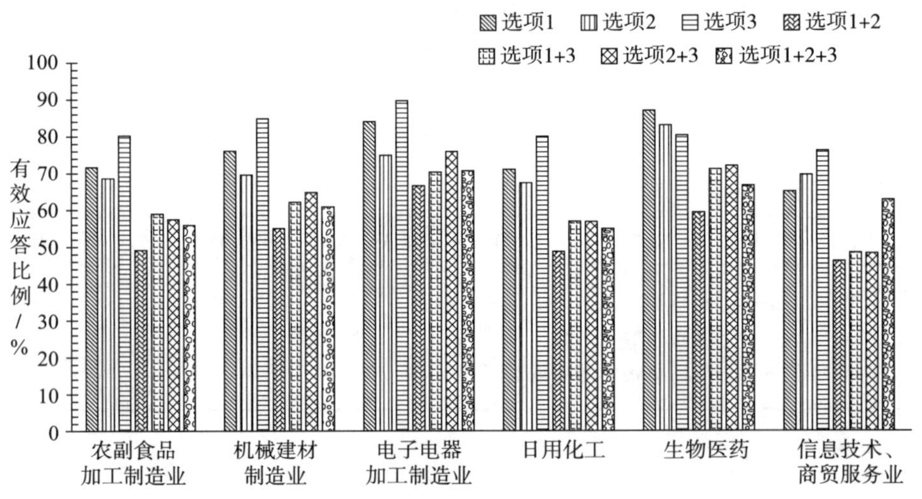

注1：选项1——技术的标准化工作。

注2：选项2——管理的标准化工作。

注3：选项3——企业标准化参与并支撑质量管理工作。

图4－16　不同行业的企业标准化工作开展情况的应答选项分布

（2）企业标准化工作遇到的突出问题

结果分析显示：

① 总体来看，各个行业在企业标准化工作方面存在的最突出问题都是标准缺失，占比均超过了 40%，生物医药、电子电器加工制造业尤为突出，占比均超过 50%。

② 标准交叉、重复、矛盾的问题在农副食品加工制造业表现的尤为突出，占比超过了 40%。

③ 生物医药、电子电器加工制造业、日用化工、农副食品加工制造业行业中，标准滞后老化问题排在第二位，占比均超过 40%，其中生物医药行业占比达 48.15%。

详见表 4－9、图 4－17 和图 4－18。

表 4－9 不同行业企业标准化工作遇到的突出问题的应答情况

行业	选项 1		选项 2		选项 3		选项 4		选项 5		选项 6	
	有效应答数	有效应答比例/%	有效应答数	有效应答比例/%	有效应答数	有效应答比例/%	有效应答数	有效应答比例/%	有效应答数	有效应答比例/%	有效应答数	有效应答比例/%
农副食品加工制造业	218	40.22	225	41.51	244	45.02	156	28.78	174	32.10	126	23.25
机械建材制造业	288	38.76	261	35.13	316	42.53	272	36.61	220	29.61	231	31.09
电子电器加工制造业	104	43.88	93	39.24	124	52.32	107	45.15	67	28.27	52	21.94
日用化工	223	41.45	211	39.22	237	44.05	174	32.34	130	24.16	127	23.61
生物医药	52	48.15	32	29.63	62	57.41	42	38.89	35	32.41	25	23.15

表4－9（续）

行业	选项1		选项2		选项3		选项4		选项5		选项6	
	有效应答数	有效应答比例/%	有效应答数	有效应答比例/%	有效应答数	有效应答比例/%	有效应答数	有效应答比例/%	有效应答数	有效应答比例/%	有效应答数	有效应答比例/%
信息技术、商贸服务业	29	32.58	33	37.08	39	43.82	31	34.83	25	28.09	33	37.08
其他	5	15.63	10	31.25	14	43.75	4	12.50	10	31.25	11	34.38

注1：选项1——一些国家标准、行业标准、地方标准滞后老化。
注2：选项2——一些国家标准、行业标准、地方标准交叉、重复、矛盾。
注3：选项3——一些领域标准缺失。
注4：选项4——先进的科技成果不能及时转化为标准。
注5：选项5——企业创新标准的活力难以发挥。
注6：选项6——企业标准体系执行缺乏力度。

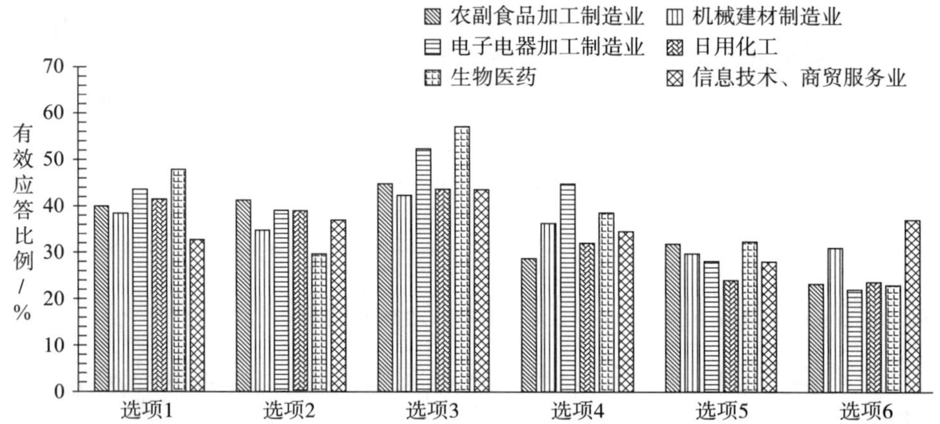

注1：选项1——一些国家标准、行业标准、地方标准滞后老化。

注2：选项2——一些国家标准、行业标准、地方标准交叉、重复、矛盾。

注3：选项3——一些领域标准缺失。

注4：选项4——先进的科技成果不能及时转化为标准。

注5：选项5——企业创新标准的活力难以发挥。

注6：选项6——企业标准体系执行缺乏力度。

图4－17　企业标准化工作中遇到问题的各应答选项中不同行业的分布

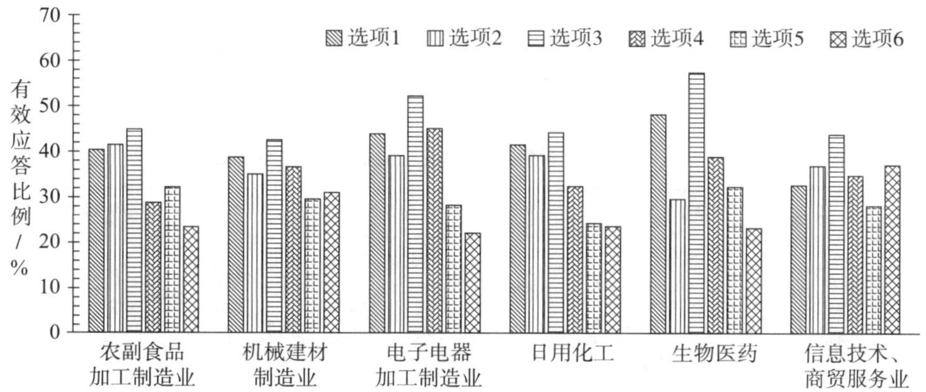

注1：选项1——一些国家标准、行业标准、地方标准滞后老化。

注2：选项2——一些国家标准、行业标准、地方标准交叉、重复、矛盾。

注3：选项3——一些领域标准缺失。

注4：选项4——先进的科技成果不能及时转化为标准。

注5：选项5——企业创新标准的活力难以发挥。

注6：选项6——企业标准体系执行缺乏力度。

图4-18 不同行业的企业标准工作中遇到的问题的应答选项的分布

7. 按成立时间分析

（1）企业开展的主要标准化工作

结果分析显示：

① 技术的标准化方面，1年以下的企业明显好于成立更久的企业，占比高达85%，1—3年、3—5年、5—10年以及10年以上的企业技术标准化的开展水平，差别不大，均为70%~80%。

② 管理的标准化方面，10年以上的企业开展情况最好，占比达71.11%，1年以下的企业最差，只有30%不到，其余类别的企业均为65%~70%。

③ 企业标准化参与并支撑质量管理工作，10年以上的企业开展情况最好，占比达85.24%，1年以下的企业最差，只有30%不到，其余类别的企业均在70%左右。

从趋势上看，刚成立的企业，非常重视技术标准，成立时间越久，管理的标准化以及企业标准化支撑质量管理方面表现就越来越好。

详见表 4 – 10、图 4 – 19 和图 4 – 20。

表 4 – 10　不同成立时间企业开展的主要标准化工作的应答情况

成立时间	选项 1		选项 2		选项 3		选项 1 +2		选项 1 +3		选项 2 +3		选项 1 +2 +3	
	有效应答数	有效应答比例/%	有效应答数	有效应答比例/%	有效应答数	有效应答比例/%	有效应答数	有效应答比例/%	有效应答数	有效应答比例/%	有效应答数	有效应答比例/%	有效应答数	有效应答比例/%
1 年以下	6	85. 71	2	28. 57	2	28. 57	0	0. 00	1	14. 29	2	28. 57	0	0. 00
1—3 年	60	72. 29	56	67. 47	62	74. 70	41	49. 40	50	60. 24	46	55. 42	43	51. 81
3—5 年	123	76. 88	111	69. 38	111	69. 38	75	46. 88	95	59. 38	85	53. 13	87	54. 38
5—10 年	325	71. 27	304	66. 67	358	78. 51	216	47. 37	256	56. 14	256	56. 14	243	53. 29
10 年以上	1214	75. 59	1142	71. 11	1369	85. 24	889	55. 35	999	62. 20	1033	64. 32	1002	62. 39

注 1：选项 1——技术的标准化工作。
注 2：选项 2——管理的标准化工作。
注 3：选项 3——企业标准化参与并支撑质量管理工作。

（2）企业标准化工作遇到的突出问题

结果分析显示：

① 成立 1 年以下的企业，最突出的问题是一些国家标准、行业标准、地方标准交叉、重复、矛盾。

② 除了成立 1 年以下外，其余类别最突出的问题都是一些领域标准缺失，均超过了 40%，而标准滞后老化、交叉、重复、矛盾以及先进成果不能及时转化为标准方面分布均衡，均在 30% 以上。

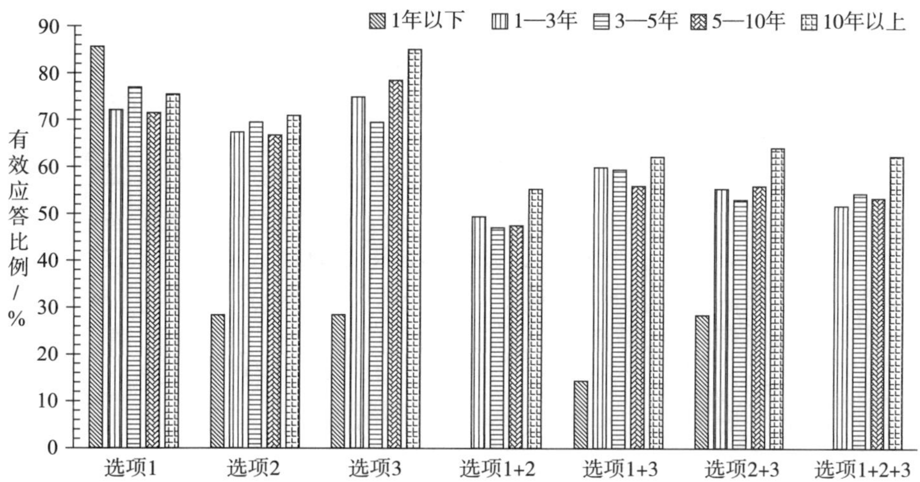

注1：选项1——技术的标准化工作。

注2：选项2——管理的标准化工作。

注3：选项3——企业标准化参与并支撑质量管理工作。

图4－19　企业标准化工作开展情况各应答选项中不同企业成立时间的分布

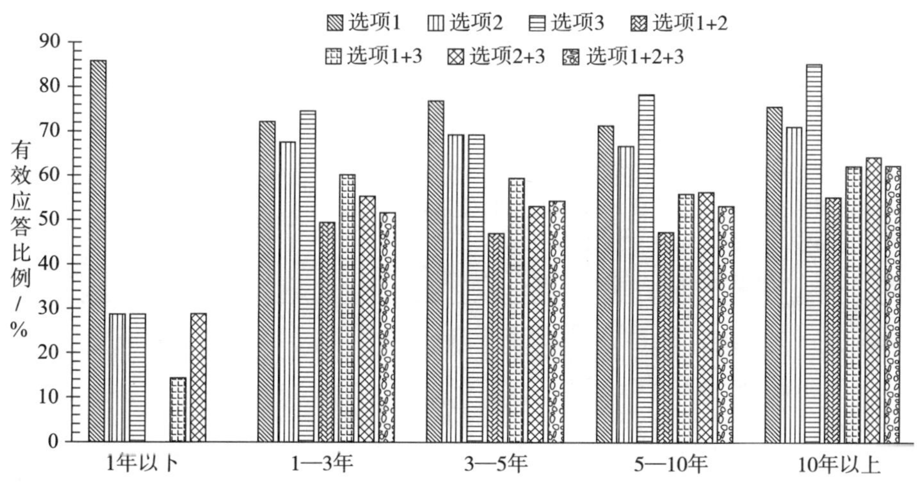

注1：选项1——技术的标准化工作。

注2：选项2——管理的标准化工作。

注3：选项3——企业标准化参与并支撑质量管理工作。

图4－20　不同成立时间的企业标准化工作开展情况的应答选项分布

③随着成立时间越长，标准缺失、标准滞后老化呈现出增长趋势。详见表4－11、图4－21和图4－22。

表4－11　不同成立时间企业标准化工作遇到的突出问题的应答情况

成立时间	选项1		选项2		选项3		选项4		选项5		选项6	
	有效应答数	有效应答比例/%	有效应答数	有效应答比例/%	有效应答数	有效应答比例/%	有效应答数	有效应答比例/%	有效应答数	有效应答比例/%	有效应答数	有效应答比例/%
1年以下	2	28.57	3	42.86	2	28.57	1	14.29	1	14.29	2	28.57
1—3年	29	34.94	35	42.17	37	44.58	29	34.94	23	27.71	28	33.73
3—5年	59	36.88	53	33.13	66	41.25	56	35.00	40	25.00	37	23.13
5—10年	159	34.87	162	35.53	197	43.20	158	34.65	131	28.73	110	24.12
10年以上	680	42.34	618	38.48	743	46.26	548	34.12	474	29.51	430	26.77

注1：选项1——一些国家标准、行业标准、地方标准滞后老化。
注2：选项2——一些国家标准、行业标准、地方标准交叉、重复、矛盾。
注3：选项3——一些领域标准缺失。
注4：选项4——先进的科技成果不能及时转化为标准。
注5：选项5——企业创新标准的活力难以发挥。
注6：选项6——企业标准体系执行缺乏力度。

（二）计量工作调查结果

1. 总体分析

结果分析显示：

① 91.52%的企业认为企业计量工作可以保证商品量值准确。

② 56.63%的企业认为计量工作可以服务节能减排降耗。

③ 86.53%的企业认为计量工作可以实现精准工艺控制。

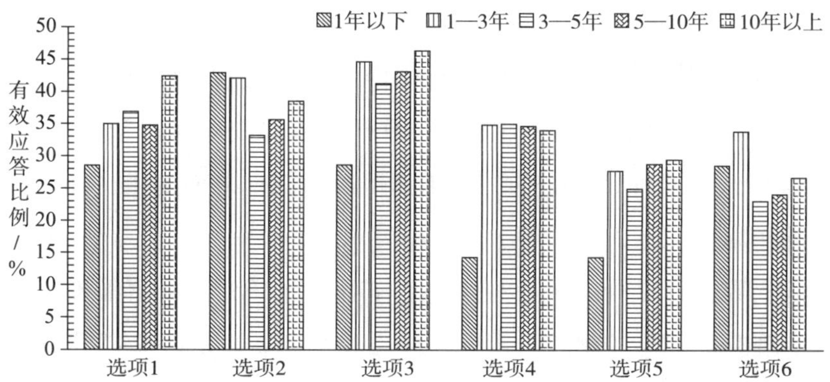

注1：选项1——一些国家标准、行业标准、地方标准滞后老化。

注2：选项2——一些国家标准、行业标准、地方标准交叉、重复、矛盾。

注3：选项3——一些领域标准缺失。

注4：选项4——先进的科技成果不能及时转化为标准。

注5：选项5——企业创新标准的活力难以发挥。

注6：选项6——企业标准体系执行缺乏力度。

图4-21 企业标准化工作中遇到的问题各应答选项中不同企业成立时间的分布

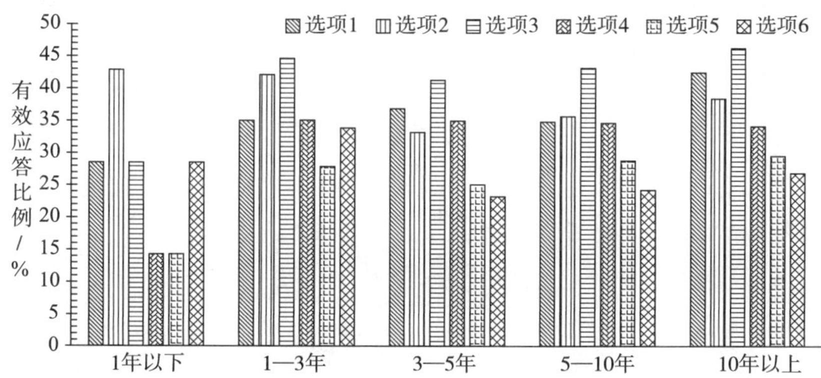

注1：选项1——一些国家标准、行业标准、地方标准滞后老化。

注2：选项2——一些国家标准、行业标准、地方标准交叉、重复、矛盾。

注3：选项3——一些领域标准缺失。

注4：选项4——先进的科技成果不能及时转化为标准。

注5：选项5——企业创新标准的活力难以发挥。

注6：选项6——企业标准体系执行缺乏力度。

图4-22 不同成立时间企业标准化工作中遇到的问题的应答选项分布

④ 53.89% 的企业认为计量工作可以服务新产品研发。

⑤ 70.41% 的企业认为企业计量工作可以保障经营管理数据准确。

⑥ 65.06% 的企业认为企业计量工作可以保障安全生产和环境监测。

⑦ 0.57% 的企业认为企业计量工作可以对其他方面的生产经营起到一定程度的作用。

从以上数据可以看出企业对计量工作可以保证商品量值准确和计量工作可以实现精准工艺控制较为认可。详见表 4－12、图 4－23 和图 4－24。

表 4－12　企业关于计量工作对企业生产经营的作用的应答情况

企业计量工作对企业生产经营的作用	有效应答数	有效应答比例/%
保证商品量值准确	2072	91.52
服务节能减排降耗	1282	56.63
实现精准工艺控制	1959	86.53
服务新产品研发	1220	53.89
保障经营管理数据准确	1594	70.41
保障安全生产和环境监测	1473	65.06
其他	13	0.57

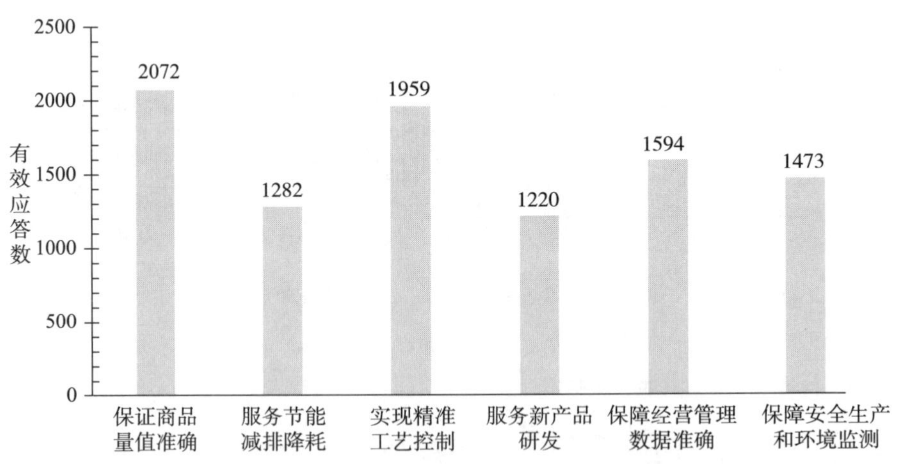

图 4－23　计量工作对企业生产经营作用的有效应答数

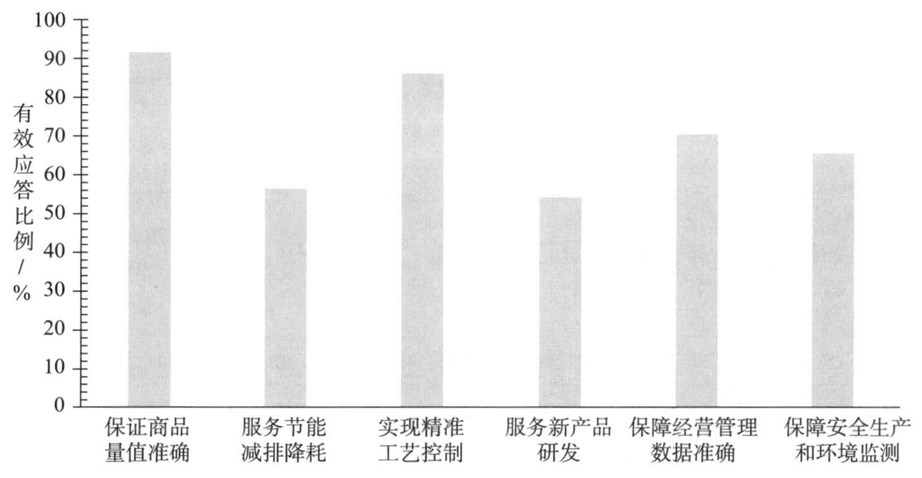

图4－24 计量工作对企业生产经营作用的有效应答比例

2. 按地区分析

结果分析显示：

① 保证商品量值准确方面，甘肃、吉林认知最高，均超过90%。

② 服务节能减排降耗方面，吉林最高，超过70%。

③ 实现精准工艺控制方面，各地区企业认同度较高，除杭州占77.37%外，其余地区都在80%以上。

④ 服务新产品研发、保障经营管理数据准确、保障安全生产和环境监测等方面，吉林企业认知度明显高于其他地区。

详见表4－13、图4－25和图4－26。

表4－13 不同地区企业关于计量工作对企业生产经营作用的应答情况

地区	保证商品量值准确		服务节能减排降耗		实现精准工艺控制		服务新产品研发		保障经营管理数据准确		保障安全生产和环境监测		其他	
	有效应答数	有效应答比例/%	有效应答数	有效应答比例/%	有效应答数	有效应答比例/%	有效应答数	有效应答比例/%	有效应答数	有效应答比例/%	有效应答数	有效应答比例/%	有效应答数	有效应答比例/%
甘肃	461	92.76	243	48.89	415	83.50	201	40.44	338	68.01	291	58.55	0	0.00

表 4 – 13（续）

<table>
<tr><th rowspan="2">地区</th><th colspan="2">保证商品量值准确</th><th colspan="2">服务节能减排降耗</th><th colspan="2">实现精准工艺控制</th><th colspan="2">服务新产品研发</th><th colspan="2">保障经营管理数据准确</th><th colspan="2">保障安全生产和环境监测</th><th colspan="2">其他</th></tr>
<tr><th>有效应答数</th><th>有效应答比例/%</th><th>有效应答数</th><th>有效应答比例/%</th><th>有效应答数</th><th>有效应答比例/%</th><th>有效应答数</th><th>有效应答比例/%</th><th>有效应答数</th><th>有效应答比例/%</th><th>有效应答数</th><th>有效应答比例/%</th><th>有效应答数</th><th>有效应答比例/%</th></tr>
<tr><td>广西</td><td>350</td><td>89. 29</td><td>224</td><td>57. 14</td><td>321</td><td>81. 89</td><td>156</td><td>39. 80</td><td>276</td><td>70. 41</td><td>238</td><td>60. 71</td><td>3</td><td>0. 77</td></tr>
<tr><td>吉林</td><td>344</td><td>91. 73</td><td>272</td><td>72. 53</td><td>328</td><td>87. 47</td><td>264</td><td>70. 40</td><td>278</td><td>74. 13</td><td>290</td><td>77. 33</td><td>1</td><td>0. 27</td></tr>
<tr><td>江苏</td><td>467</td><td>89. 29</td><td>284</td><td>54. 30</td><td>470</td><td>89. 87</td><td>337</td><td>64. 44</td><td>366</td><td>69. 98</td><td>355</td><td>67. 88</td><td>5</td><td>0. 96</td></tr>
<tr><td>内蒙古</td><td>220</td><td>85. 94</td><td>143</td><td>55. 86</td><td>213</td><td>83. 20</td><td>110</td><td>42. 97</td><td>184</td><td>71. 88</td><td>146</td><td>57. 03</td><td>1</td><td>0. 39</td></tr>
<tr><td>杭州</td><td>230</td><td>83. 94</td><td>116</td><td>42. 34</td><td>212</td><td>77. 37</td><td>152</td><td>55. 47</td><td>152</td><td>55. 47</td><td>153</td><td>55. 84</td><td>3</td><td>1. 09</td></tr>
</table>

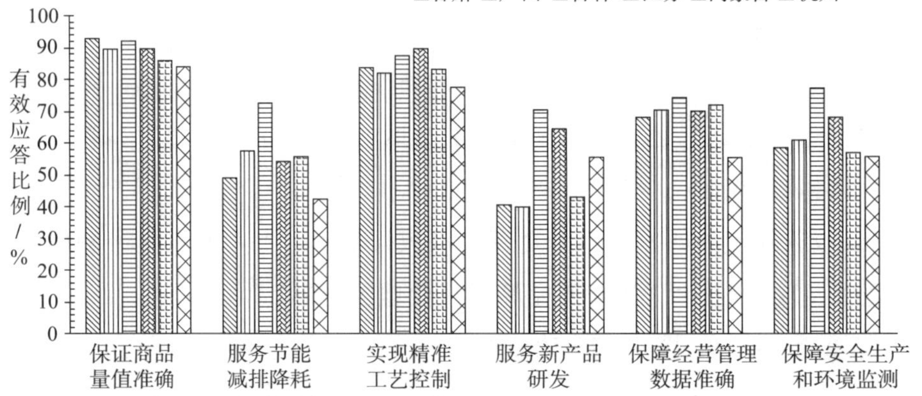

图 4 – 25　计量工作对企业生产经营的作用各应答选项中不同地区的分布

3. 按企业属性分析

结果分析显示：

① 保证商品量值准确方面，各类企业认同度均较高，最低的民营企业，认同度也达 88. 33%。

② 实现精准工艺控制方面，各地区企业认同度也较高，最低的私营企业，认同度也达 80. 06%。

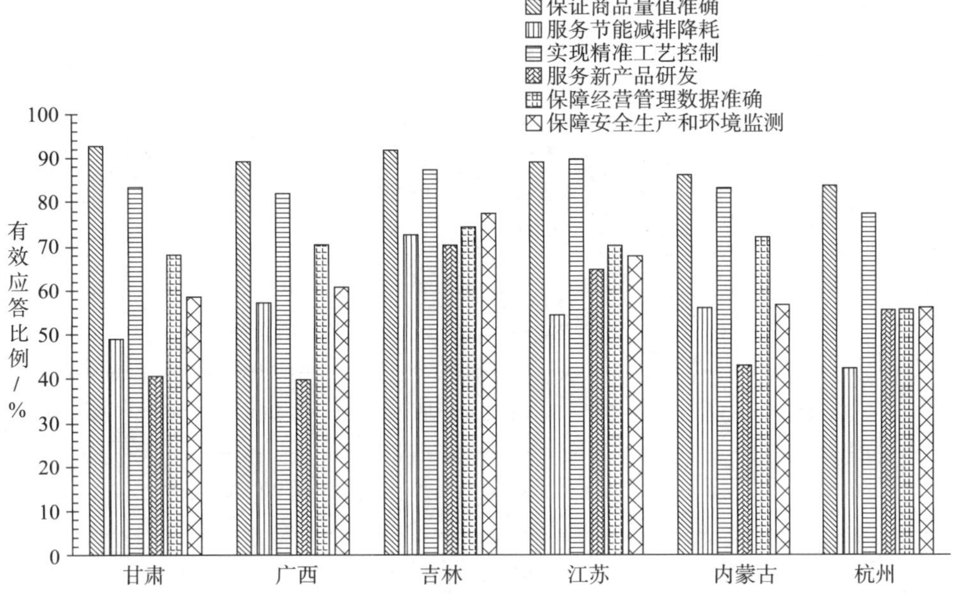

图4－26　不同地区企业关于计量工作对企业生产经营作用的应答选项的分布

③服务节能减排降耗、服务新产品研发、保障安全生产和环境监测等方面，各类企业认同度均不超过70%。

④ 保障经营管理数据准确方面，独资企业认同度较高，超过了80%，其他类别企业认同度均在75%以下。

详见表4－14、图4－27和图4－28。

表4－14　不同属性企业关于计量工作对企业生产经营作用的应答情况

企业性质	保证商品量值准确		服务节能减排降耗		实现精准工艺控制		服务新产品研发		保障经营管理数据准确		保障安全生产和环境监测		其他	
	有效应答数	有效应答比例/%	有效应答数	有效应答比例/%	有效应答数	有效应答比例/%	有效应答数	有效应答比例/%	有效应答数	有效应答比例/%	有效应答数	有效应答比例/%	有效应答数	有效应答比例/%
国有企业	237	88.43	162	60.45	242	90.30	150	55.97	181	67.54	186	69.40	0	0.00

表 4 －14（续）

企业性质	保证商品量值准确		服务节能减排降耗		实现精准工艺控制		服务新产品研发		保障经营管理数据准确		保障安全生产和环境监测		其他	
	有效应答数	有效应答比例/%	有效应答数	有效应答比例/%	有效应答数	有效应答比例/%	有效应答数	有效应答比例/%	有效应答数	有效应答比例/%	有效应答数	有效应答比例/%	有效应答数	有效应答比例/%
民营企业	530	88. 33	338	56. 33	505	84. 17	332	55. 33	402	67. 00	392	65. 33	4	0. 67
私营企业	650	89. 41	359	49. 38	582	80. 06	330	45. 39	501	68. 91	414	56. 95	4	0. 55
股份制企业	403	89. 76	264	58. 80	393	87. 53	270	60. 13	321	71. 49	302	67. 26	3	0. 67
外资企业	52	98. 11	32	60. 38	45	84. 91	32	60. 38	32	60. 38	33	62. 26	0	0. 00
独资企业	47	90. 38	22	42. 31	45	86. 54	23	44. 23	43	82. 69	36	69. 23	0	0. 00
合资企业	86	94. 51	62	68. 13	82	90. 11	47	51. 65	64	70. 33	58	63. 74	0	0. 00
其他	54	90. 00	34	56. 67	49	81. 67	28	46. 67	40	66. 67	41	68. 33	2	3. 33

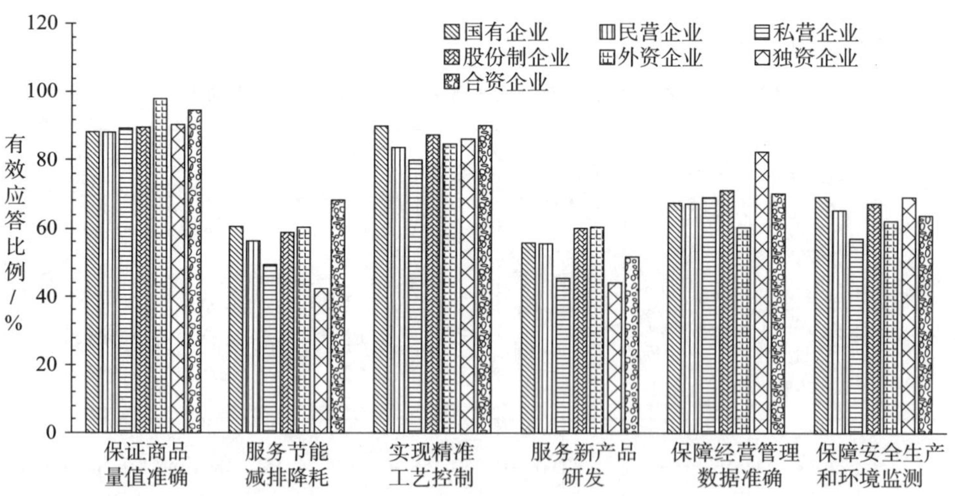

图 4 －27　计量工作对企业生产经营作用的各应答选项中不同企业属性的分布

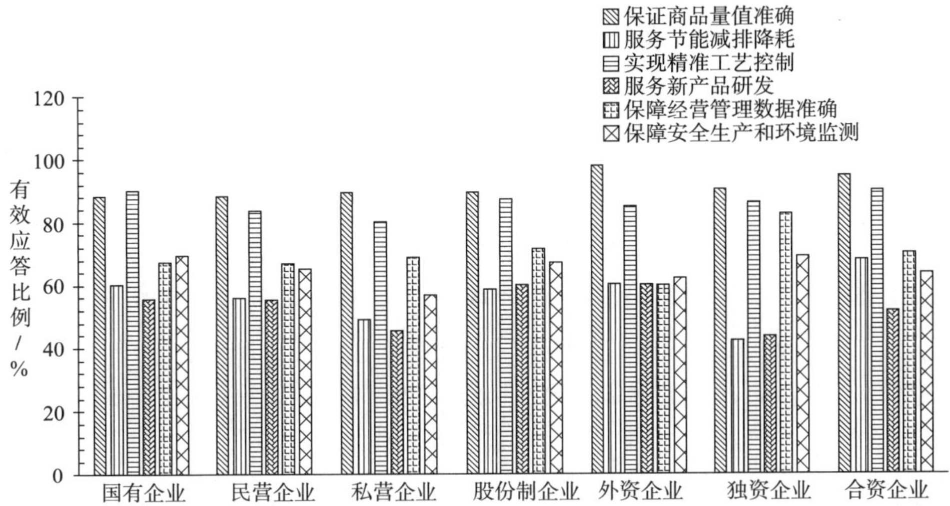

图4－28　不同属性企业关于计量工作对企业生产经营作用的应答选项的分布

4. 按行业分析

结果分析显示：

① 从总体来看，保证商品量值准确、实现精准工艺控制方面，每个行业中的认同度均高于其他方面的作用。

② 服务节能减排降耗方面，日用化工行业认同度较高，但也仅仅只有60.59%。

③ 服务新产品研发方面，只有电子电器加工制造业、生物医药行业认同度超过了60%。

④ 保障经营管理数据准确方面，只有日用化工、农副食品加工制造业认同度超过了70%。

⑤ 保障安全生产和环境监测方面，只有生物医药行业认同度超过80%，其余均在70以下。

详见表4－15、图4－29和图4－30。

表4-15 不同行业企业关于计量工作对企业生产经营的作用的应答情况

行业	保证商品量值准确		服务节能减排降耗		实现精准工艺控制		服务新产品研发		保障经营管理数据准确		保障安全生产和环境监测		其他	
	应答数	应答比例/%	应答数	应答比例/%	应答数	应答比例/%	应答数	应答比例/%	应答数	应答比例/%	应答数	应答比例/%	应答数	应答比例/%
农副食品加工制造业	511	94.28	284	52.40	444	81.92	247	45.57	392	72.32	325	59.96	2	0.37
机械建材制造业	662	89.10	430	57.87	664	89.37	427	57.47	509	68.51	485	65.28	3	0.40
电子电器加工制造业	212	89.45	117	49.37	212	89.45	150	63.29	142	59.92	152	64.14	1	0.42
日用化工	481	89.41	326	60.59	453	84.20	275	51.12	398	73.98	352	65.43	4	0.74
生物医药	99	91.67	63	58.33	95	87.96	68	62.96	73	67.59	87	80.56	0	0.00
信息技术、商贸服务业	63	70.79	40	44.94	53	59.55	33	37.08	51	57.30	49	55.06	2	2.25
其他	25	78.13	13	40.63	23	71.88	10	31.25	16	50.00	13	40.63	0	0.00

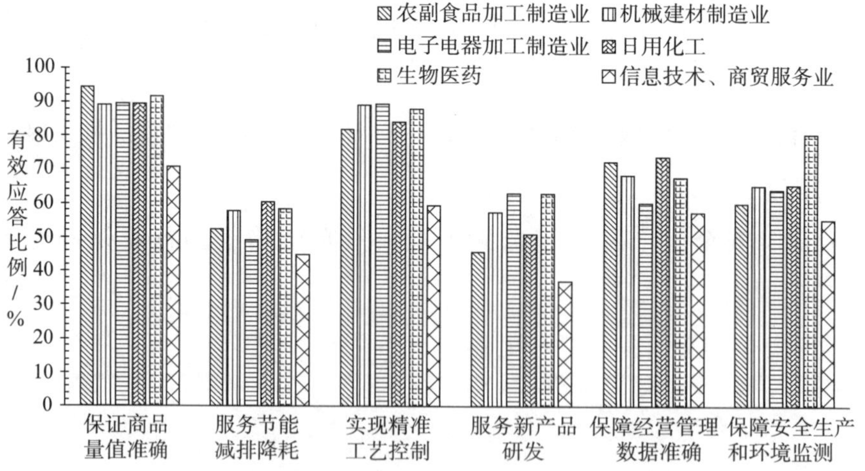

图4-29 计量工作对企业生产经营作用的各应答选项中不同行业的分布

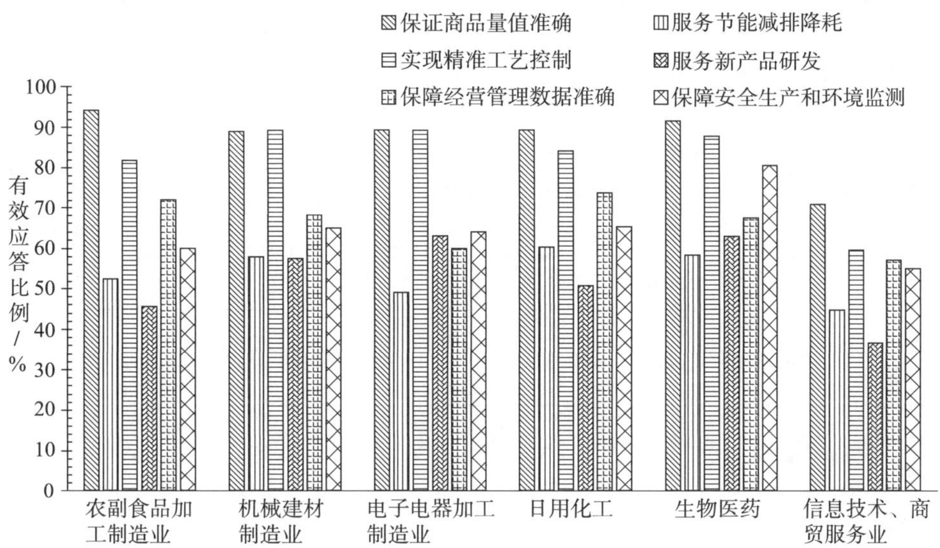

图 4-30　不同行业企业关于计量工作对企业生产经营作用的应答选项的分布

5. 按成立时间分析

结果分析显示：

① 从总体来看，保证商品量值准确、实现精准工艺控制方面，每类企业中的认同度均高于其他方面的作用。

② 服务节能减排降耗、服务新产品研发方面，3—5 年、5—10 年以及 10 年以上的企业认同度明显高于 1 年以下、1—3 年的企业。

③ 保障经营管理数据准确方面，10 年以上的企业认同度略低，只有 66.63%，其他类别的企业均在 70% 以上。

④ 保障安全生产和环境监测方面，1 年以下的企业认同度明显较低，只有 42.86%。

详见表 4-16、图 4-31 和图 4-32。

表4－16　不同成立时间企业关于计量工作对企业生产经营的作用的应答情况

成立时间	保证商品量值准确		服务节能减排降耗		实现精准工艺控制		服务新产品研发		保障经营管理数据准确		保障安全生产和环境监测		其他	
	有效应答数	有效应答比例/%	有效应答数	有效应答比例/%	有效应答数	有效应答比例/%	有效应答数	有效应答比例/%	有效应答数	有效应答比例/%	有效应答数	有效应答比例/%	有效应答数	有效应答比例/%
1年以下	7	100.00	882	28.57	1386	85.71	891	14.29	1070	71.43	1048	42.86	9	0.00
1—3年	71	85.54	0	44.58	1	74.70	1	30.12	0	72.29	0	62.65	0	0.00
3—5年	142	88.75	1	63.13	1	78.13	1	47.50	1	74.38	1	62.50	0	0.00
5—10年	406	89.04	1281	56.58	1957	82.46	1219	49.12	1592	73.90	1472	58.77	13	0.88
10年以上	1441	89.73	0	54.92	0	86.30	0	55.48	0	66.63	0	65.26	0	0.56

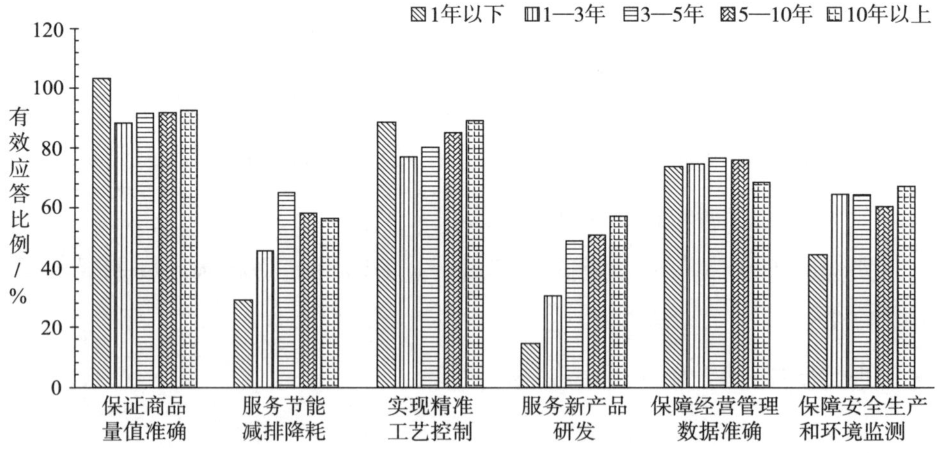

图4－31　计量工作对企业生产经营作用的各应答选项中不同企业成立时间的分布

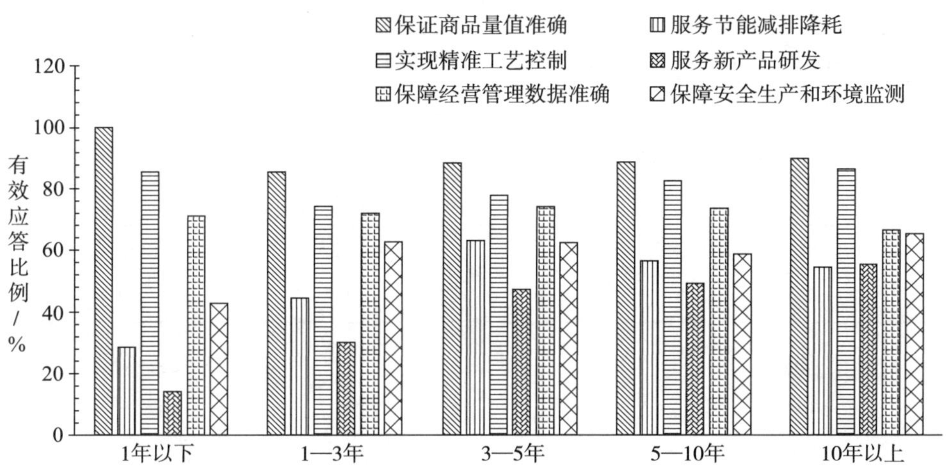

图 4－32　不同成立时间企业关于计量工作对生产经营作用的应答选项的分布

（三）认证认可工作调查结果

1. 总体分析

（1）认证工作对企业生产经营的作用

结果分析显示：

① 73.56% 的企业认为认证工作有利于产品进入国内外市场。

② 91.16% 的企业认为认证工作有利于提升质量水平。

③ 88.31% 的企业认为认证工作有利于赢得客户信任。

④ 86.56% 的企业认为认证工作有利于提升产质量和竞争力。

⑤ 1.93% 的企业认为认证工作有利于其他生产经营活动。

⑥ 认证工作有利于提升质量水平的认可度较高，其次为认证工作有利于赢得客户信任和认证工作有利于提升产质量和竞争力。

详见表 4－17、图 4－33 和图 4－34。

表4-17　企业关于认证工作对企业生产经营的作用的应答情况

认证工作对企业生产经营的作用	有效应答数	有效应答比例/%
有利于产品进入国内外市场	1680	73.56
提升质量水平	2082	91.16
赢得客户信任	2017	88.31
提升产质量和竞争力	1977	86.56
其他	44	1.93

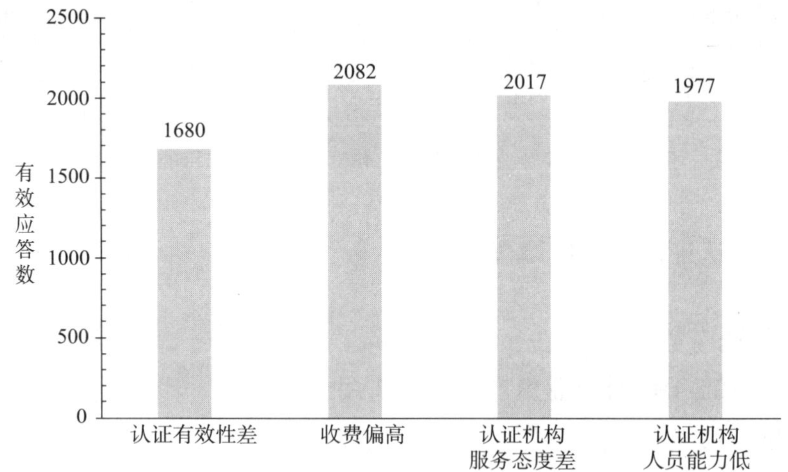

图4-33　认证工作对企业生产经营作用的有效应答数

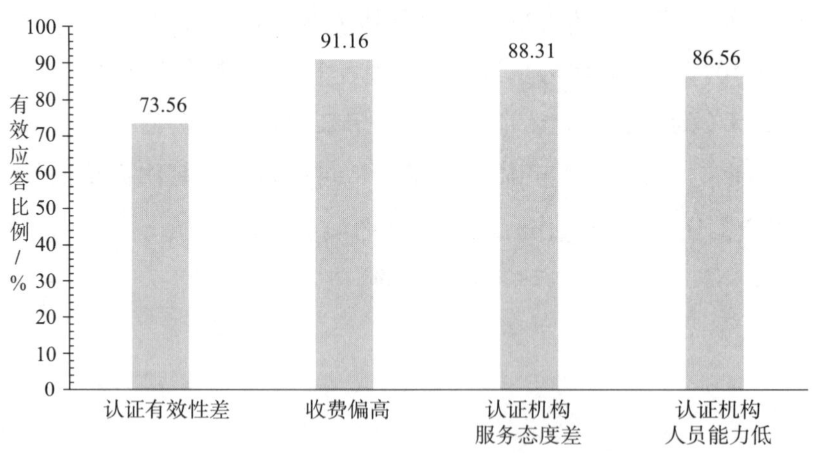

图4-34　认证工作对企业生产经营作用的有效应答比例

（2）企业认证工作中遇到的突出问题

结果分析显示：

① 30.71% 的企业认为认证工作中认证有效性差。

② 81.46% 的企业认为认证工作收费偏高。

③ 8.15% 的企业认为认证工作中认证机构服务态度差。

④ 8.34% 的企业认为开展认证工作的认证机构人员能力低。

⑤ 6.85% 的企业认为认证工作还存在一些其他方面的突出问题。

⑥ 总体来看，认证工作中的问题集中于收费偏高，其次是认证的有效性差。

详见表 4－18、图 4－35 和图 4－36。

表 4－18　企业认证工作中遇到的突出问题的应答情况

突出问题	有效应答数	有效应答比例/%
认证有效性差	641	30.71
收费偏高	1700	81.46
认证机构服务态度差	170	8.15
认证机构人员能力低	174	8.34
其他	143	6.85

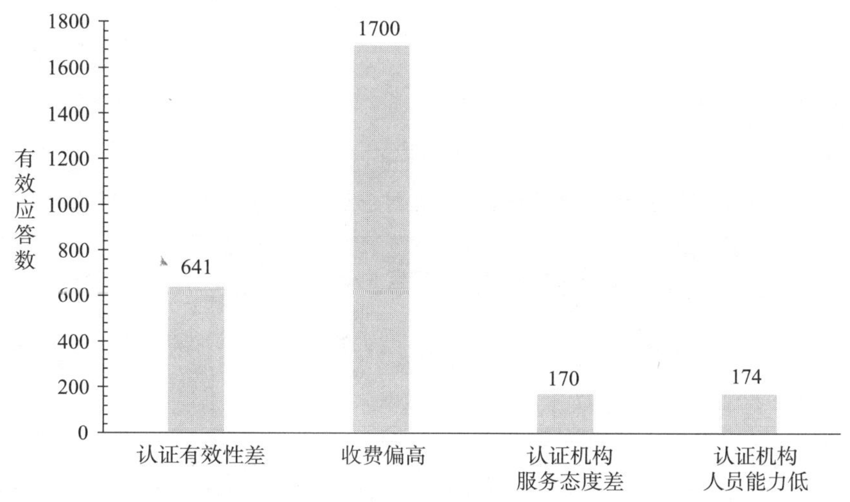

图 4－35　企业认证工作中遇到的突出问题的有效应答数

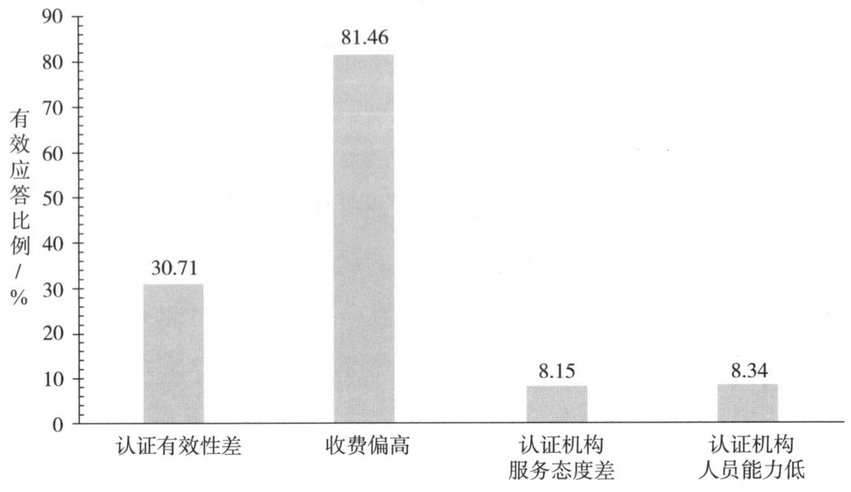

图 4－36　企业认证工作中遇到的突出问题的有效应答比例

2. 从地区分析

（1）认证工作对企业生产经营的作用

结果分析显示：

① 总体来看，各个地区对认证工作有利于产品有利于提升质量水平、有利于赢得客户信任、有利于提升产品质量和竞争力的认同度较高，除吉林对提升产品质量和竞争力的认同度只有 71. 47% 外，其余均在 80% 以上。

② 认证工作有利于产品进入国内外市场方面，只有江苏企业认同度较高，达 84. 32% 。

详见表 4－19、图 4－37 和图 4－38。

表 4－19　不同地区企业关于认证工作对企业生产经营的作用的应答情况

地区	有利于产品进入国内外市场		提升质量水平		赢得客户信任		提升产品质量和竞争力		其他	
	有效应答数	有效应答比例/%	有效应答数	有效应答比例/%	有效应答数	有效应答比例/%	有效应答数	有效应答比例/%	有效应答数	有效应答比例/%
甘肃	329	66. 20	456	91. 75	430	86. 52	437	87. 93	7	1. 41
广西	258	65. 82	352	89. 80	344	87. 76	347	88. 52	17	4. 34

表 4－19（续）

地区	有利于产品进入国内外市场		提升质量水平		赢得客户信任		提升产品质量和竞争力		其他	
	有效应答数	有效应答比例/%	有效应答数	有效应答比例/%	有效应答数	有效应答比例/%	有效应答数	有效应答比例/%	有效应答数	有效应答比例/%
吉林	274	73.07	342	91.20	316	84.27	268	71.47	0	0.00
江苏	441	84.32	474	90.63	466	89.10	463	88.53	10	1.91
内蒙古	177	69.14	230	89.84	231	90.23	228	89.06	4	1.56
杭州	201	73.36	228	83.21	230	83.94	234	85.40	6	2.19

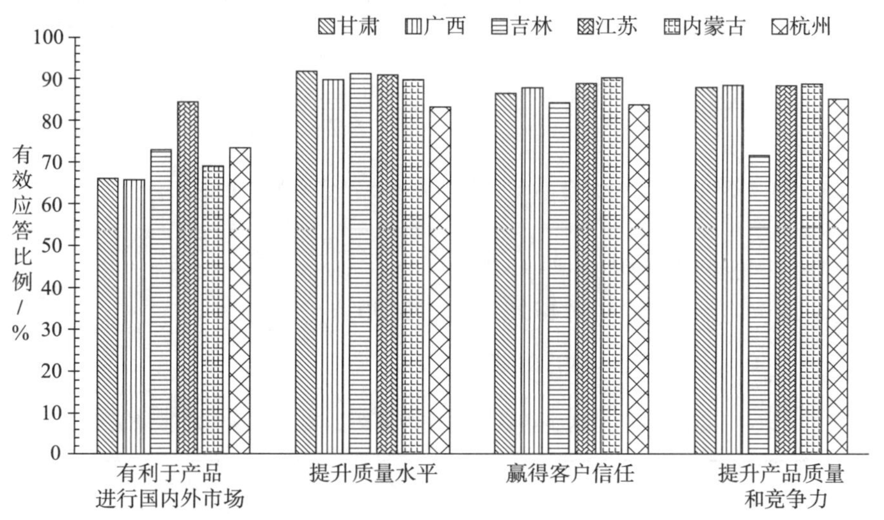

图 4－37　认证工作对企业生产经营作用的各应答选项中不同地区的分布

（2）企业认证工作中遇到的突出问题

结果分析显示：

① 每个地区存在的共性问题是企业普遍认为认证工作中收费偏高，内蒙古占比最低，也高达 64.06%，其中吉林地区占比最高。其次是认证的有效性差。

② 认证机构服务态度差的问题，在吉林显得较为突出，但相对收费问题仍显得很低，只有 23.47%。

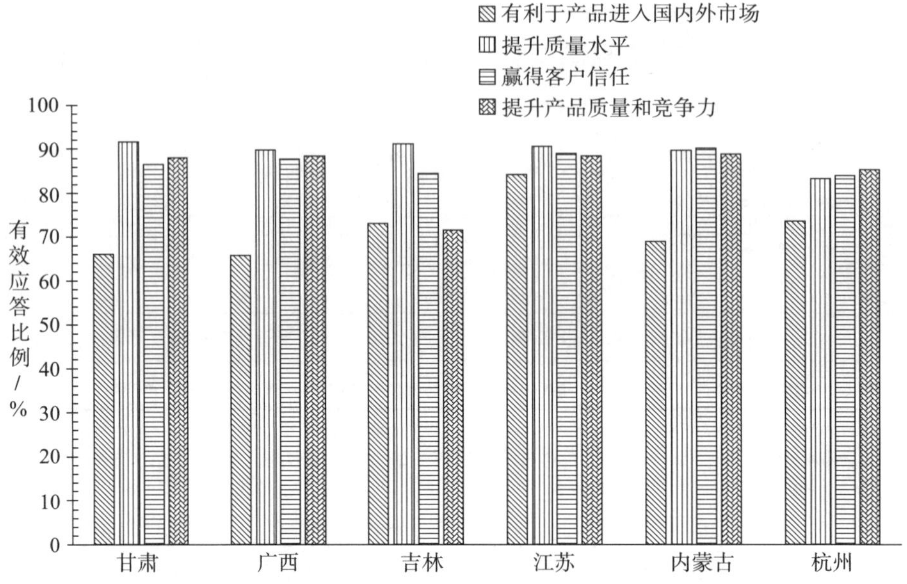

图4－38　不同地区企业关于认证工作对企业生产经营的作用的应答选项的分布

③吉林省、浙江省的企业认为认证过程中认证机构的人员能力低也是值得关注的问题，分别占比17.60%、13.50%。

详见表4－20、图4－39和图4－40。

表4－20　不同地区企业认证工作中遇到的突出问题的应答情况

地区	认证有效性差		收费偏高		认证机构服务态度差		认证机构人员能力低		其他	
	有效应答数	有效应答比例/%	有效应答数	有效应答比例/%	有效应答数	有效应答比例/%	有效应答数	有效应答比例/%	有效应答数	有效应答比例/%
甘肃	141	28.37	358	72.03	30	6.04	15	3.02	28	5.63
广西	117	29.85	286	72.96	12	3.06	18	4.59	32	8.16
吉林	131	34.93	318	84.80	88	23.47	66	17.60	10	2.67
江苏	110	21.03	371	70.94	13	2.49	23	4.40	38	7.27
内蒙古	60	23.44	164	64.06	13	5.08	15	5.86	15	5.86
杭州	82	29.93	203	74.09	14	5.11	37	13.50	20	7.30

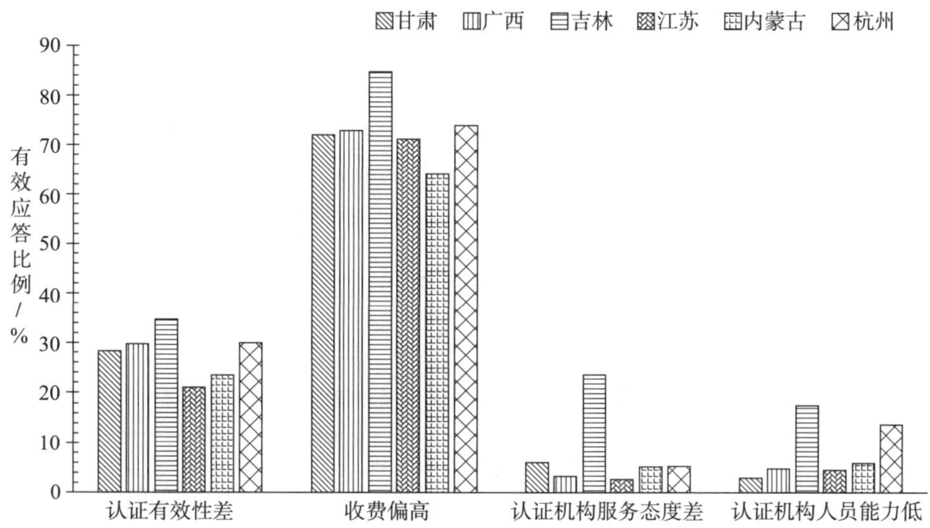

图4－39　企业认证工作遇到的突出问题各应答选项中不同地区的分布

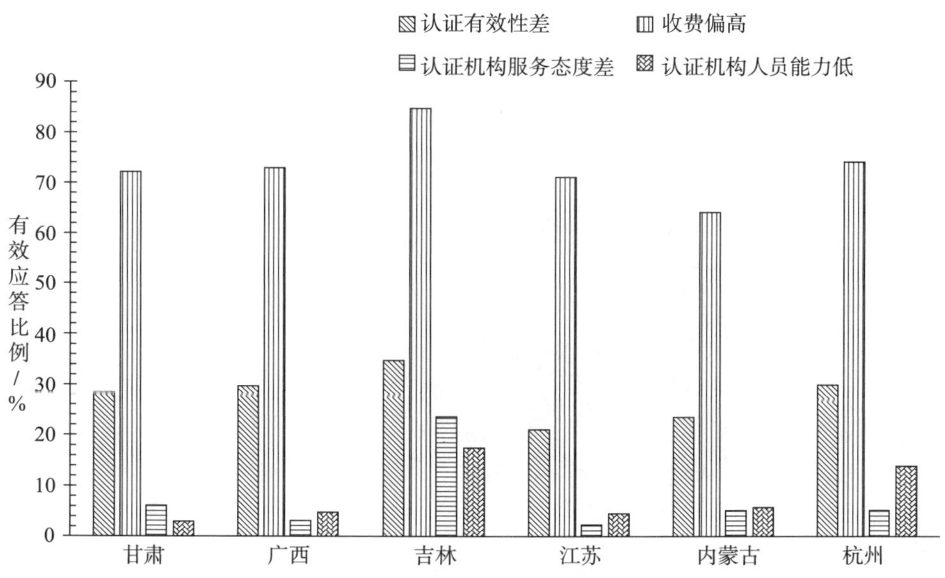

图4－40　不同地区企业关于认证工作中遇到的突出问题的应答选项的分布

(3) 所在企业是否通过质量体系认证

调查结果显示：

① 2026家企业通过了质量体系认证，通过率87.44%。

② 江苏、杭州、吉林三个地区的企业质量体系认证通过率较高，均超过了95%。

③ 广西、内蒙古的企业企业质量体系认证通过率较低，均不到80%。

详见表4-21、图4-41和图4-42。

表4-21 不同地区企业通过质量体系认证情况的应答情况

地区	所在企业通过质量体系认证		通过质量管理体系认证比例/%
	否	是	
甘肃	92	405	81.49
吉林	12	363	96.80
江苏	12	511	97.71
内蒙古	70	186	72.66
杭州	13	261	95.26
广西	92	300	76.53

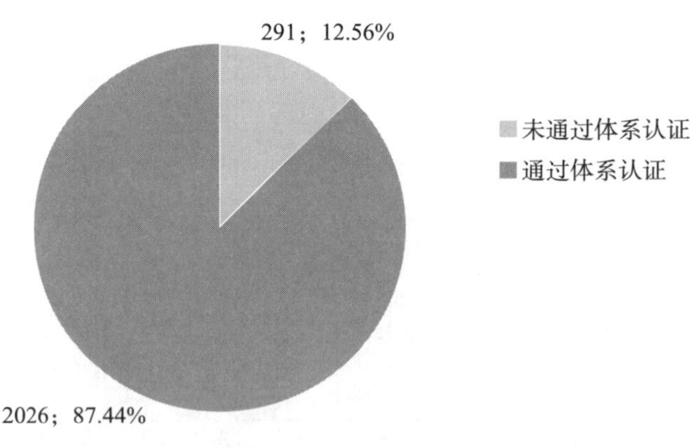

图4-41 调查企业通过质量体系认证情况

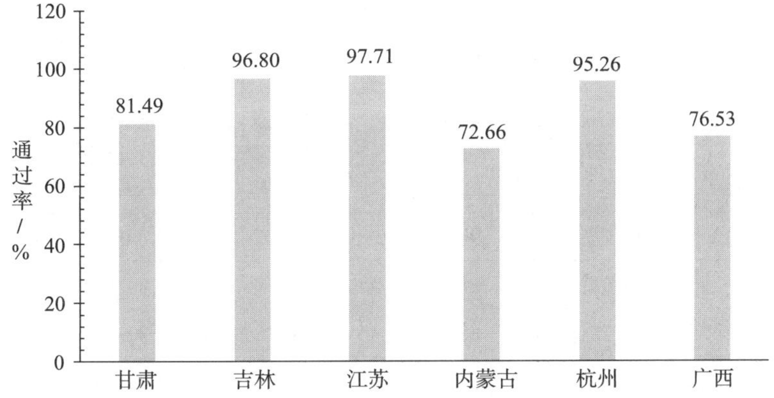

图4-42　不同地区调查企业质量体系认证通过率情况

3. 按企业属性分析

（1）认证工作对企业生产经营的作用

结果分析显示：

① 总体来看，调查企业认证工作有利于提升质量水平、有利于赢得客户信任、有利于提升产品质量和竞争力的认同度明显较高，均在80%以上。

② 总体来看，调查企业认证工作产品进入国内外市场的作用的认同度，除了外资企业外，均不到80%。

③ 外资企业对认证工作的作用认识较为均衡，四种主要作用均在80%以上，其中对提升产品质量和竞争力的认同度最低，只有84.91%。

详见表4-22、图4-43和图4-44。

表4-22　不同属性企业关于认证工作对企业生产经营的作用的应答情况

企业性质	有利于产品进入国内外市场		提升质量水平		赢得客户信任		提升产品质量和竞争力		其他	
	有效应答数	有效应答比例/%	有效应答数	有效应答比例/%	有效应答数	有效应答比例/%	有效应答数	有效应答比例/%	有效应答数	有效应答比例/%
国有企业	189	70.52	244	91.04	235	87.69	224	83.58	4	1.49
民营企业	457	76.17	545	90.83	532	88.67	520	86.67	8	1.33
私营企业	491	67.54	639	87.90	623	85.69	618	85.01	12	1.65

表 4 -22 (续)

企业性质	有利于产品进入国内外市场		提升质量水平		赢得客户信任		提升产品质量和竞争力		其他	
	有效应答数	有效应答比例/%	有效应答数	有效应答比例/%	有效应答数	有效应答比例/%	有效应答数	有效应答比例/%	有效应答数	有效应答比例/%
股份制企业	347	77. 28	405	90. 20	390	86. 86	381	84. 86	14	3. 12
外资企业	46	86. 79	47	88. 68	48	90. 57	45	84. 91	1	1. 89
独资企业	35	67. 31	46	88. 46	46	88. 46	43	82. 69	0	0. 00
合资企业	68	74. 73	86	94. 51	76	83. 52	83	91. 21	2	2. 20
其他	40	66. 67	56	93. 33	53	88. 33	50	83. 33	3	5. 00

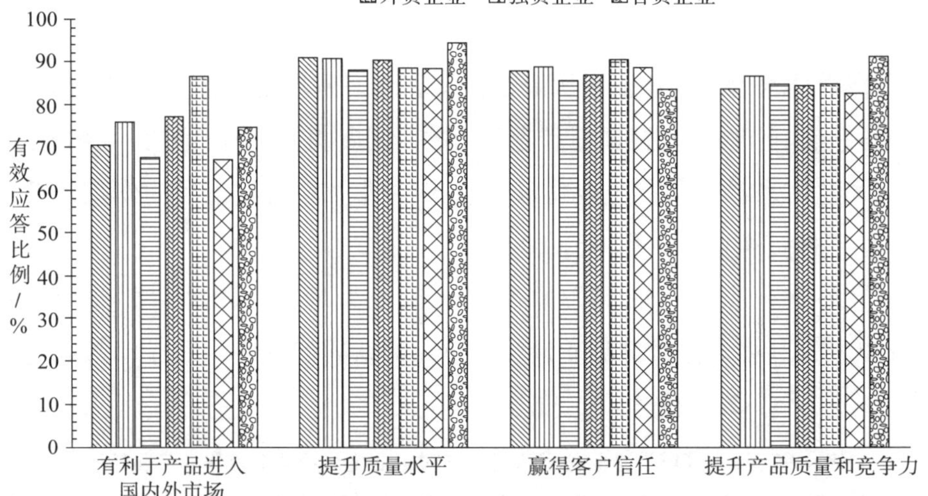

图 4 -43 认证工作对企业生产经营的作用各应答选项中不同属性企业的分布

(2) 企业认证工作中遇到的突出问题

结果分析显示:

① 企业普遍认为认证工作中,收费偏高,其次是认证的有效性差。

② 反映收费偏高方面,独资企业最高,占比 82. 69% ,外资企业最低,也达 66. 04% 。

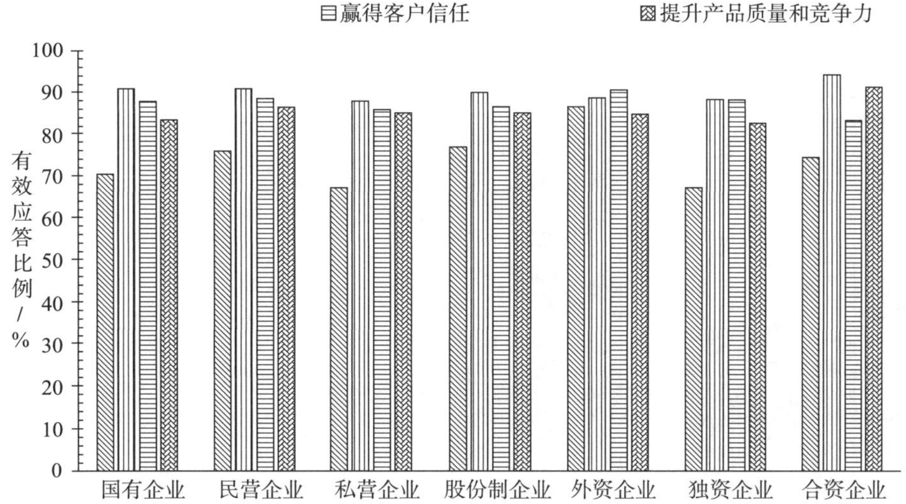

图 4－44　不同属性企业关于认证工作对企业生产经营作用的应答选项的分布

③ 反映认证的有效性差方面，独资企业最高，占比 34.62%，合资企业最低，占比 21.98%。

④ 各类企业对其他问题方面的占比均不到 10%。

详见表 4－23、图 4－45 和图 4－46。

表 4－23　不同属性企业认证工作中遇到的突出问题的应答情况

企业性质	认证有效性差		收费偏高		认证机构服务态度差		认证机构人员能力低		其他	
	有效应答数	有效应答比例/%	有效应答数	有效应答比例/%	有效应答数	有效应答比例/%	有效应答数	有效应答比例/%	有效应答数	有效应答比例/%
国有企业	80	29.85	191	71.27	18	6.72	15	5.60	20	7.46
民营企业	154	25.67	452	75.33	55	9.17	57	9.50	33	5.50
私营企业	219	30.12	519	71.39	55	7.57	62	8.53	39	5.36
股份制企业	117	26.06	337	75.06	30	6.68	23	5.12	25	5.57
外资企业	12	22.64	35	66.04	2	3.77	4	7.55	8	15.09
独资企业	18	34.62	43	82.69	2	3.85	2	3.85	2	3.85
合资企业	20	21.98	68	74.73	3	3.30	5	5.49	7	7.69
其他	15	25.00	41	68.33	4	6.67	4	6.67	9	15.00

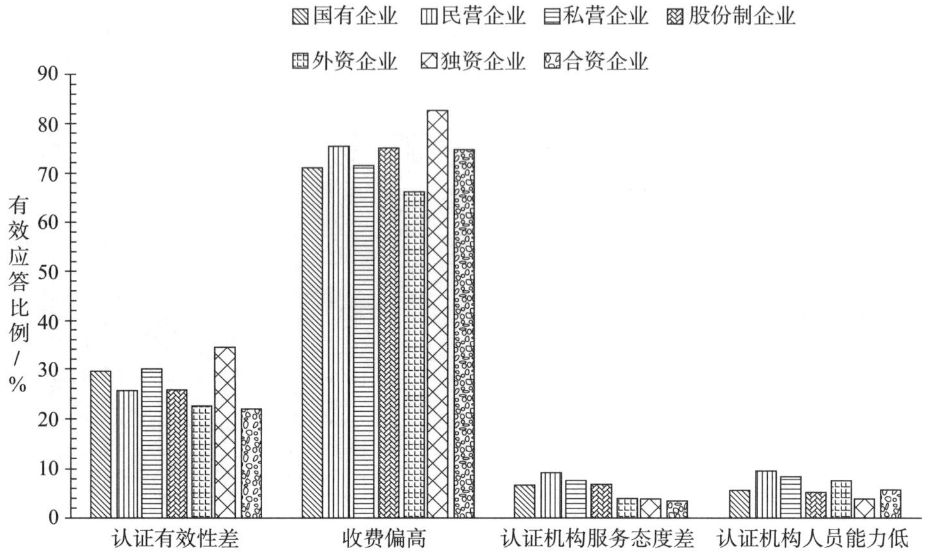

图 4-45 企业认证工作遇到的突出问题各应答选项中不同企业属性的分布

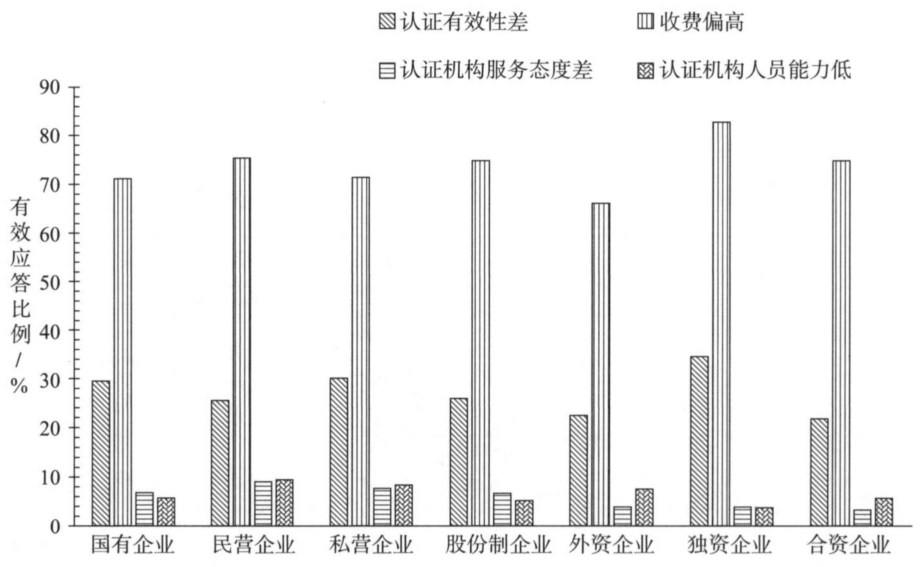

图 4-46 不同属性企业关于认证工作中遇到的突出问题的应答选项的分布

(3) 所在企业是否通过质量体系认证

结果分析显示：

① 国有企业、股份制企业和合资企业中 90% 以上都通过了质量体系

认证。

② 调查企业中，外资企业均未通过质量体系认证。

详见表4－24、图4－47。

表4－24　不同属性企业是否通过质量体系认证的应答情况

企业性质	所在企业通过质量体系认证		通过质量管理体系认证比例/%
	否	是	
国有企业	21	246	92.13
民营企业	63	529	89.36
私营企业	135	590	81.38
股份制企业	39	407	91.26
外资企业	7	0	0.00
独资企业	8	44	84.62
合资企业	8	83	91.21
其他	8	52	86.67

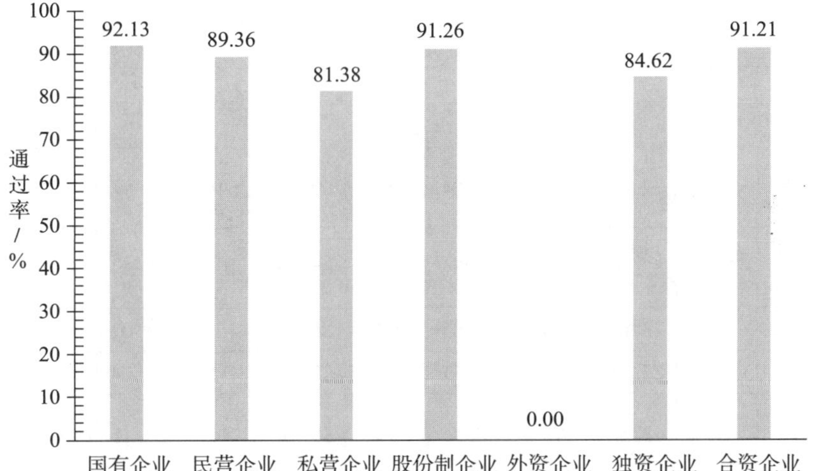

图4－47　不同属性调查企业质量体系认证通过率情况

4. 按所属行业分析

(1) 认证工作对企业生产经营的作用

结果分析显示：

① 总体来看，各个行业对认证工作有利于产品有利于提升质量水平、有利于赢得客户信任、有利于提升产质量和竞争力的认同度较高，均在80% 以上。

② 认证工作有利于产品进入国内外市场方面，只有电子电器加工制造业认同度较高，达 83. 97% 。其余行业认同度均不到 80% 。

③ 企业普遍认为认证工作对提成质量水平的作用最高，其次是赢得客户信任，再次是提升产质量和竞争力，最后是对产品进入国内外市场的作用。

详见表 4 –25、图 4 –48 和图 4 –49。

表 4 –25　不同行业企业关于认证工作对企业生产经营的作用的应答情况

行业	有利于产品进入国内外市场		提升质量水平		赢得客户信任		提升产品质量和竞争力		其他	
	有效应答数	有效应答比例/%	有效应答数	有效应答比例/%	有效应答数	有效应答比例/%	有效应答数	有效应答比例/%	有效应答数	有效应答比例/%
农副食品加工制造业	360	66. 42	501	92. 44	474	87. 45	471	86. 90	11	2. 03
机械建材制造业	542	72. 95	669	90. 04	663	89. 23	646	86. 94	18	2. 42
电子电器加工制造业	199	83. 97	207	87. 34	202	85. 23	198	83. 54	5	2. 11
日用化工	396	73. 61	478	88. 85	458	85. 13	452	84. 01	9	1. 67
生物医药	84	77. 78	99	91. 67	92	85. 19	94	87. 04	0	0. 00
信息技术、商贸服务业	61	68. 54	79	88. 76	79	88. 76	74	83. 15	0	0. 00
其他	21	65. 63	28	87. 50	28	87. 50	21	65. 63	1	3. 13

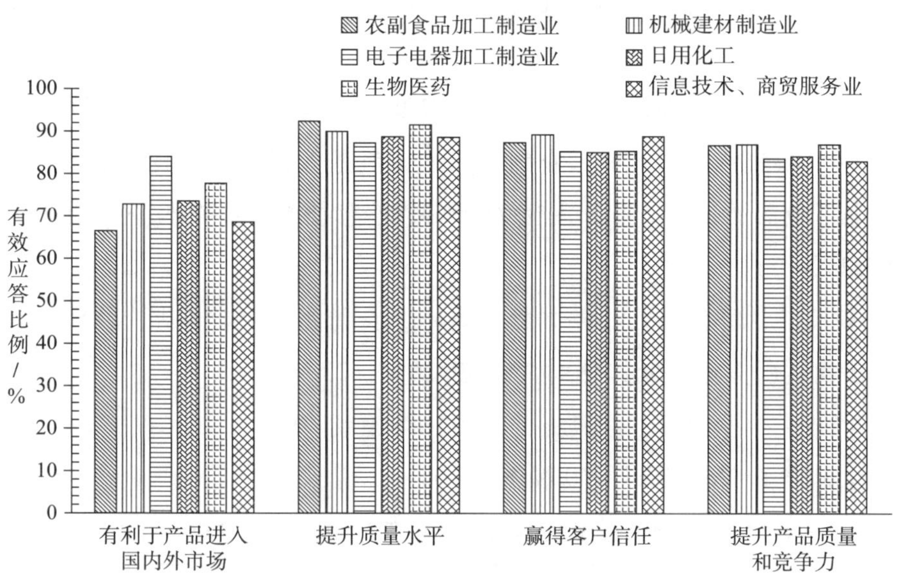

图4－48　认证工作对企业生产经营的作用各应答选项中不同行业的分布

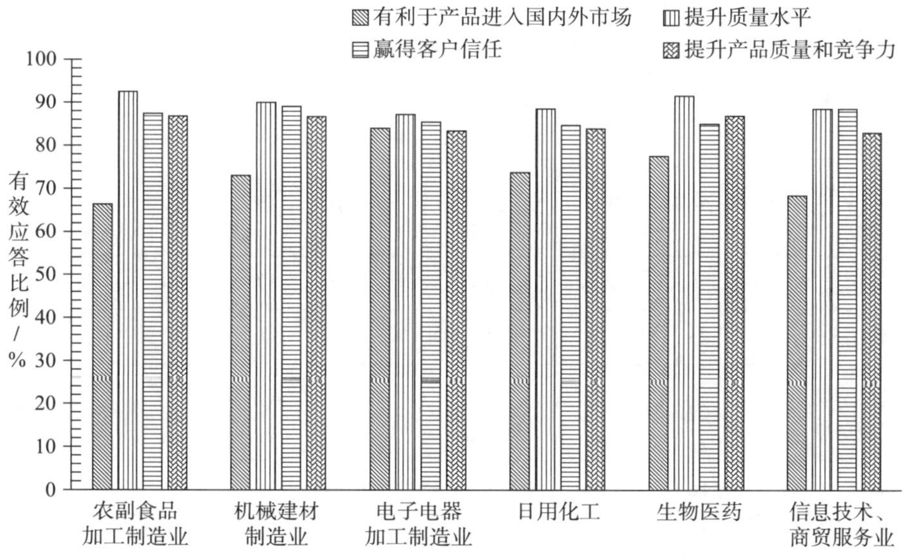

图4－49　不同行业企业关于认证工作对企业生产经营作用的应答选项的分布

（2）企业认证工作中遇到的突出问题

结果分析显示：

① 企业普遍认为认证工作中，收费偏高，其次是认证的有效性差。

② 反映收费偏高方面，农副食品加工制造业最高，占比 79.15%；其次是电子电器加工制造业，占比 78.9%；信息技术、商贸服务业最低，也达 65.17%。

③ 反映认证的有效性差方面，同样是农副食品加工制造业最高、信息技术、商贸服务业最低，分别占比 30.26%、22.47%。

④ 各类企业对其他问题方面的占比均不到 10%。

详见表 4－26、图 4－50 和图 4－51。

表 4－26　不同行业企业认证工作中遇到的突出问题的应答情况

行业	认证有效性差		收费偏高		认证机构服务态度差		认证机构人员能力低		其他	
	有效应答数	有效应答比例/%	有效应答数	有效应答比例/%	有效应答数	有效应答比例/%	有效应答数	有效应答比例/%	有效应答数	有效应答比例/%
农副食品加工制造业	164	30.26	429	79.15	47	8.67	36	6.64	26	4.80
机械建材制造业	204	27.46	539	72.54	61	8.21	68	9.15	38	5.11
电子电器加工制造业	71	29.96	187	78.90	14	5.91	17	7.17	13	5.49
日用化工	140	26.02	378	70.26	32	5.95	37	6.88	34	6.32
生物医药	28	25.93	73	67.59	8	7.41	9	8.33	16	14.81
信息技术、商贸服务业	20	22.47	58	65.17	8	8.99	5	5.62	8	8.99
其他	6	18.75	19	59.38	0	0.00	2	6.25	7	21.88

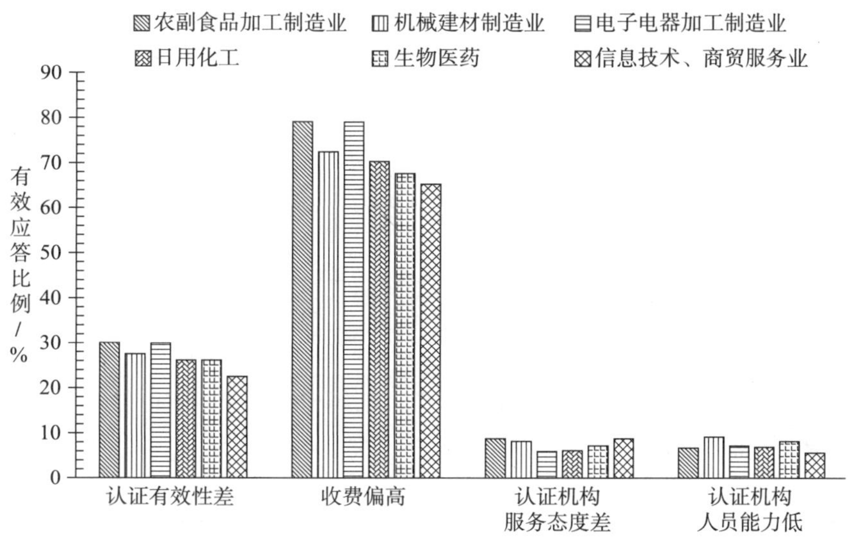

图 4－50　企业认证工作遇到的突出问题各应答选项中不同行业的分布

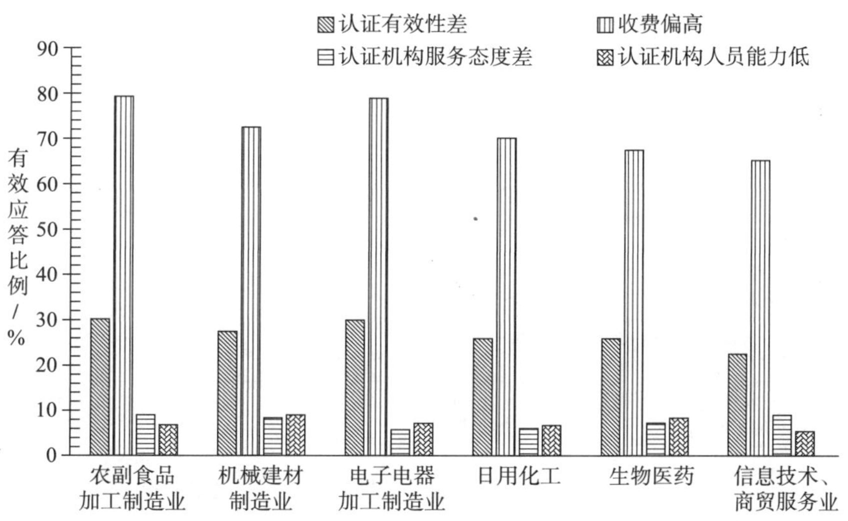

图 4－51　不同行业企业关于认证工作中遇到的突出问题的应答选项的分布

（3）所在企业是否通过质量体系认证

结果分析显示：电子电器加工制造业的企业质量体系认证通过率最高，达 97.5%；其次是机械建材制造业，占比 90.7%；日用化工行业通过率最低，只有 80.3%。

详见表 4－27、图 4－52。

表 4－27 不同行业企业通过质量体系认证情况的应答情况

行业	所在企业通过质量体系认证		通过质量管理体系认证比例/%
	否	是	
农副食品加工制造业	64	478	88.19
机械建材制造业	69	674	90.71
电子电器加工制造业	6	231	97.47
日用化工	106	432	80.30
生物医药	17	91	84.26
信息技术、商贸服务业	16	73	82.02
其他	10	22	68.75

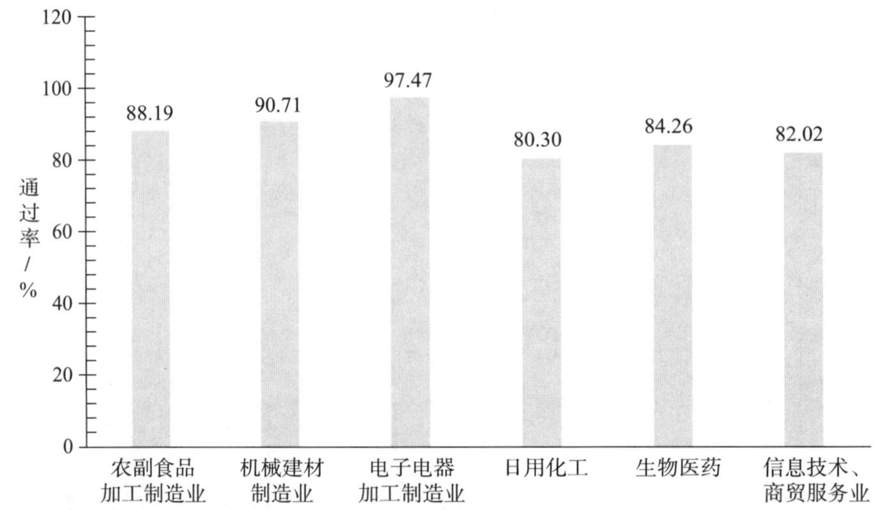

图 4－52 不同行业调查企业质量体系认证通过率情况

5. 按企业成立时间分析

（1）认证工作对企业生产经营的作用

结果分析显示：

① 总体来看，调查企业对认证工作有利于产品有利于提升质量水平、有利于赢得客户信任认同度较高，均在 80% 以上。

② 认证工作有利于提升产品质量和竞争力方面，认同度也较高，为75%~90%。

③ 认证工作有利于产品进入国内外市场方面，10 年以上认同度最高，占比 74.16；其次是 3—5 年的企业，占比 71.25%；1 年以下的企业认同度最低，只有 42.86%。

详见表 4－28、图 4－53 和图 4－54。

表 4－28　不同成立时间企业关于认证工作对企业生产经营作用的应答情况

成立时间	有利于产品进入国内外市场		提升质量水平		赢得客户信任		提升产品质量和竞争力		其他	
	有效应答数	有效应答比例/%	有效应答数	有效应答比例/%	有效应答数	有效应答比例/%	有效应答数	有效应答比例/%	有效应答数	有效应答比例/%
1 年以下	3	42.86	1444	100.00	1406	85.71	1384	85.71	36	0.00
1－3 年	50	60.24	0	86.75	0	80.72	0	78.31	0	1.20
3－5 年	114	71.25	0	88.75	0	85.63	0	79.38	0	0.00
5－10 年	319	69.96	2081	91.01	2016	87.28	1975	85.75	44	1.54
10 年以上	1191	74.16	0	89.91	0	87.55	0	86.18	0	2.24

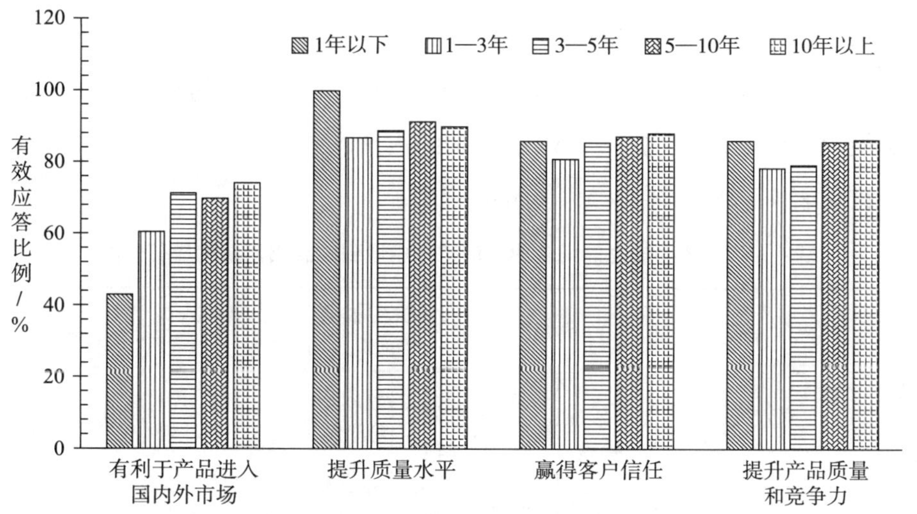

图 4－53　认证工作对企业生产经营作用各应答选项中不同企业成立时间的分布

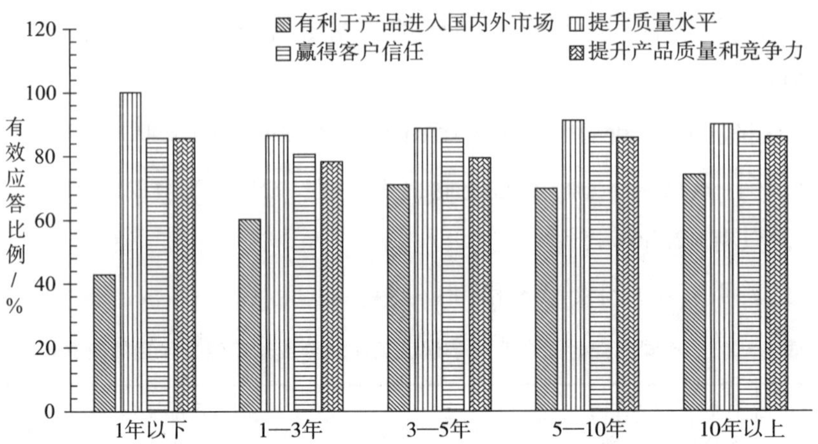

图4－54　不同成立时间企业关于认证对企业生产经营作用的应答选项的分布

（2）企业认证工作中遇到的突出问题

结果分析显示：

① 企业普遍认为认证工作中，收费偏高，其次是认证的有效性差。

② 反映收费偏高方面，10 年以上的企业最高，占比 75.59%；1—3 年的企业最低，也达 59.04%。

③ 反映认证的有效性差方面，1—3 年的企业最高，占比 32.53%；10 年以上的企业最低，占比 26.59%。

④ 各类企业对其他问题方面的反映，除了 1 年以下的企业对认证机构人员能力低的反映占比 14.29%，其余的占比均不到 10%。

详见表 4－29、图 4－55 和图 4－56。

表4－29　不同成立时间企业认证工作中遇到的突出问题的应答情况

成立时间	认证有效性差		收费偏高		认证机构服务态度差		认证机构人员能力低		其他	
	有效应答数	有效应答比例/%	有效应答数	有效应答比例/%	有效应答数	有效应答比例/%	有效应答数	有效应答比例/%	有效应答数	有效应答比例/%
1 年以下	2	28.57	5	71.43	0	0.00	1	14.29	1	14.29
1—3 年	27	32.53	49	59.04	4	4.82	3	3.61	7	8.43
3—5 年	46	28.75	110	68.75	14	8.75	9	5.63	8	5.00

表 4－29（续）

成立时间	认证有效性差		收费偏高		认证机构服务态度差		认证机构人员能力低		其他	
	有效应答数	有效应答比例/%	有效应答数	有效应答比例/%	有效应答数	有效应答比例/%	有效应答数	有效应答比例/%	有效应答数	有效应答比例/%
5—10 年	136	29. 82	319	69. 96	41	8. 99	34	7. 46	36	7. 89
10 年以上	427	26. 59	1214	75. 59	111	6. 91	127	7. 91	91	5. 67

图 4－55 企业认证工作遇到的突出问题各应答选项中不同企业成立时间的分布

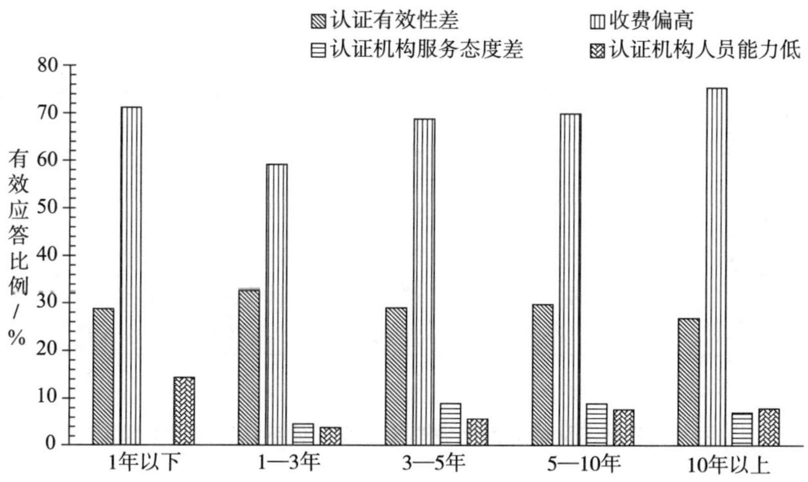

图 4－56 不同成立时间企业关于认证工作中遇到的突出问题的应答选项的分布

(3) 所在企业是否通过质量体系认证

结果分析显示:

① 企业成立时间 10 年以上通过了质量体系认证的通过率最高,达91.6%。

② 7 家成立时间在 1 年以下的企业,3 家未通过质量体系认证。

③ 整体上看,成立时间越长的企业,质量体系认证的通过率也越高。

详见表 4-30 和图 4-57。

表 4-30 所在企业是否通过质量体系认证的应答情况

成立时间	所在企业通过质量体系认证		通过质量管理体系认证比例/%
	否	是	
1 年以下	4	3	42.86
1—3 年	24	59	71.08
3—5 年	48	112	70.00
5—10 年	80	376	82.46
10 年以上	135	1471	91.59

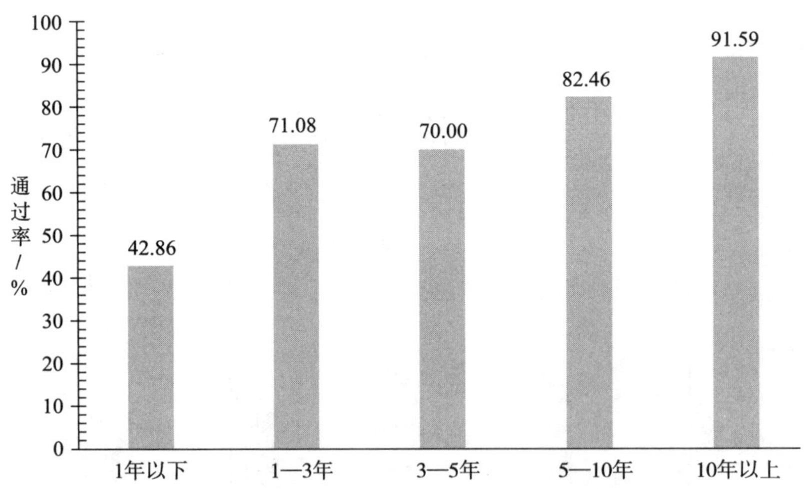

图 4-57 不同成立时间调查企业质量体系认证通过率情况

（四）检验检测工作调查结果

1. 总体分析

（1）检验检测机构对企业的作用

结果分析显示：

① 认为检验检测机构有利于服务产品研发的，有 1049 家企业，占比为 45.75%。

② 认为检验检测机构有利于满足市场准入要求的，有 1644 家企业，占比为 71.70%。

③ 认为检验检测机构有利于服务产品质量诊断和质量改进的，有 1836 家企业，占比为 80.07%。

④ 认同通过与企业自身检测能力进行比对提高企业检测水平的，有 1682 家企业，占比为 73.35%。

检验检测机构对企业的作用主要体现在服务产品质量诊断和质量改进、与企业自身检测能力进行比对提高企业检测水平、满足市场准入要求三个方面。而服务产品研发方面，占比仅仅为 45.75%。检验检测机构服务企业产品研发相对于以上三个方面而言，未被企业认可。详见表 4－31、图 4－58 和图 4－59。

表 4－31　企业关于检验检测机构对企业的作用的应答情况

检验检测机构对企业的作用	有效应答数	有效应答比例/%
服务产品研发	1049	45.75
满足市场准入要求	1644	71.70
服务产品质量诊断和质量改进	1836	80.07
与企业自身检测能力进行比对提高企业检测水平	1682	73.35
其他	16	0.70

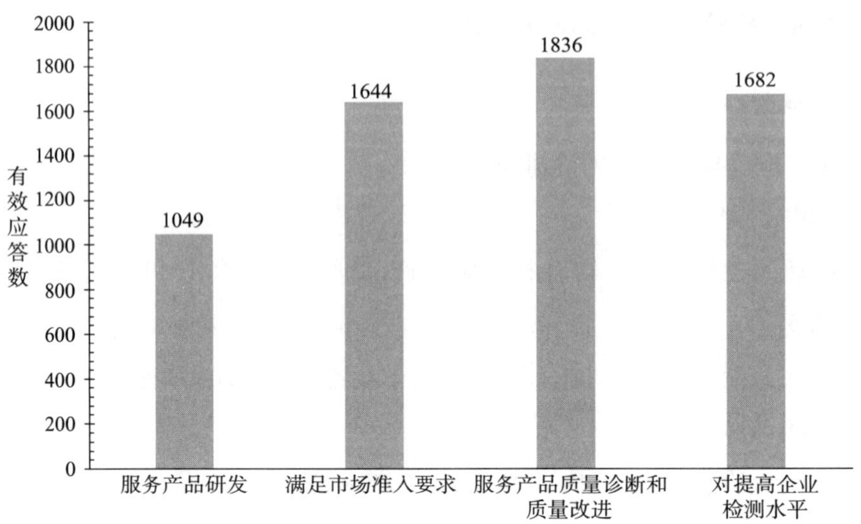

图 4－58　检验检测机构对企业的作用的有效应答数

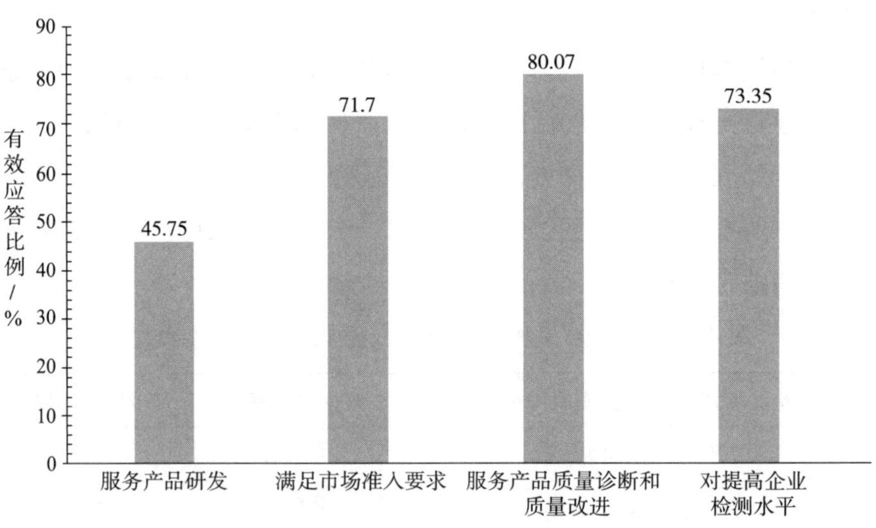

图 4－59　检验检测机构对企业的作用的有效应答比例

（2）企业计量与检验检测工作中遇到的突出问题

结果分析显示：

① 30.09% 的企业计量与检验检测工作中遇到的突出问题为量值溯源不方便。

② 49. 15% 的企业计量与检验检测工作中遇到的突出问题体现在当地检不了或检不准。

③ 6. 10% 的企业计量与检验检测工作中遇到的突出问题主要体现在一些机构服务态度差。

④ 24. 97% 的企业计量与检验检测工作中遇到的突出问题体现在一些机构工作效率低。

⑤ 65. 43% 的企业计量与检验检测工作中遇到的突出问题主要体现一些项目收费高。

⑥ 30. 13% 的企业计量与检验检测工作中遇到的突出问题主要体现在一些机构在线检定、校准、检验检测能力不足。

⑦ 其他仅占比 2. 10% 。

企业计量与检验检测工作中遇到的突出问题主要体现在一些项目收费高，当地检不了、检不准。在线检定校准检验检测能力不足、量值溯源不方便等问题也占有相当比重；从另一方面看，一些机构服务态度差的问题相对而言并不突出，这表明大部分企业对检验检测机构的服务态度比较满意。详见表 4 －32、图 4 －60 和图 4 －61。

表 4 －32　企业计量与检验检测工作中遇到的突出问题的应答情况

调查问题	有效应答数	有效应答比例/%
量值溯源不方便	658	30. 09
当地检不了或检不准	1075	49. 15
一些机构服务态度差	352	16. 10
一些机构工作效率低	546	24. 97
一些项目收费高	1431	65. 43
一些机构在线检定、校准、检验检测能力不足	659	30. 13
其他	46	2. 10

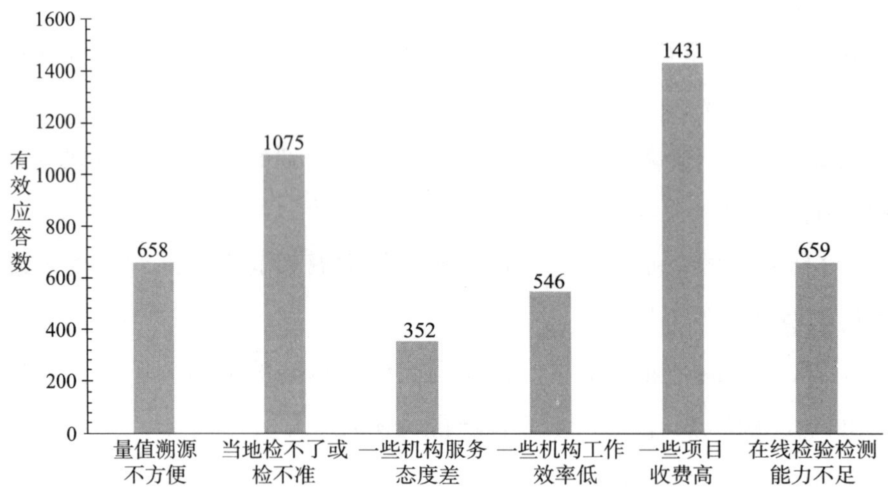

图 4-60 企业计量与检验检测工作中遇到的突出问题的有效应答数

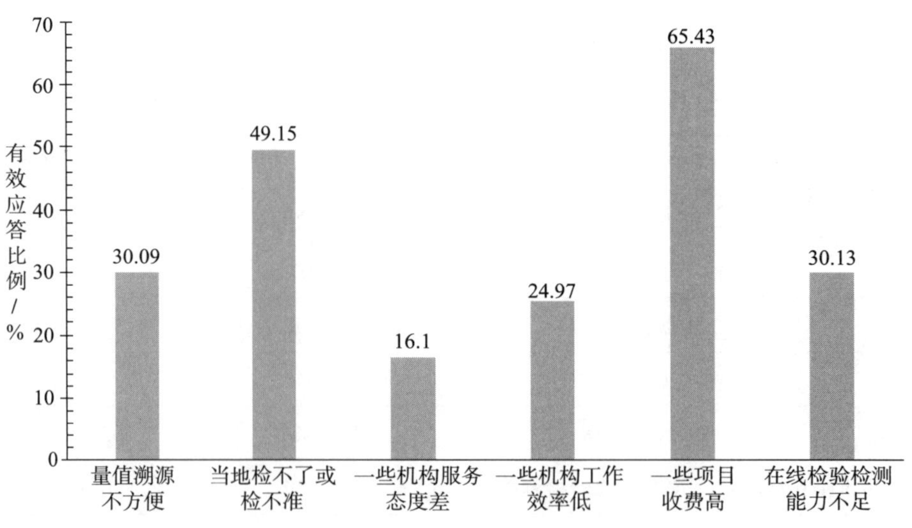

图 4-61 企业计量与检验检测工作中遇到的突出问题的有效应答比例

2. 按地区分析

（1）检验检测机构对企业的作用

结果分析显示：

① 服务产品研发方面的认知，吉林最高，占比 67. 73%；其次是江苏，占比 55. 83%；其余地区均在 45% 以下。

② 满足市场准入要求方面的认知，吉林、江苏、内蒙古、杭州，均超过 70%，甘肃、广西在 70% 以下。

③ 与企业自身检测能力进行比对提高企业检测水平方面的认知，甘肃、广西、江苏、内蒙古，均超过 70%，杭州、吉林在 70% 以下。

④ 服务产品质量诊断和质量改进方面的认知，普遍较高，各地区均在 75% 以上。

总体来说，各地区企业对检验检测机构服务产品研发方面的认知低于对其他三个方面作用的认知。详见表 4－33、图 4－62 和图 4－63。

表 4－33　不同地区企业关于检验检测机构对企业的作用的应答情况

地区	服务产品研发		满足市场准入要求		服务产品质量诊断和质量改进		与企业自身检测能力进行比对提高企业检测水平		其他	
	有效应答数	有效应答比例/%	有效应答数	有效应答比例/%	有效应答数	有效应答比例/%	有效应答数	有效应答比例/%	有效应答数	有效应答比例/%
甘肃	171	34. 41	338	68. 01	403	81. 09	384	77. 26	3	0. 60
广西	138	35. 20	248	63. 27	318	81. 12	294	75. 00	2	0. 51
吉林	254	67. 73	292	77. 87	283	75. 47	253	67. 47	1	0. 27
江苏	292	55. 83	386	73. 80	416	79. 54	379	72. 47	3	0. 57
内蒙古	82	32. 03	186	72. 66	197	76. 95	182	71. 09	3	1. 17
杭州	112	40. 88	194	70. 80	219	79. 93	190	69. 34	4	1. 46

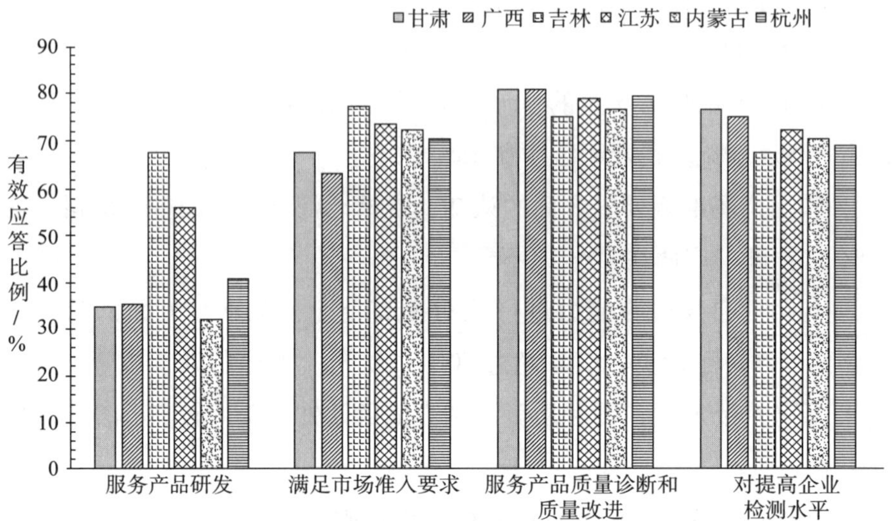

图4-62 检验检测机构对企业的作用各应答选项中不同地区企业的分布

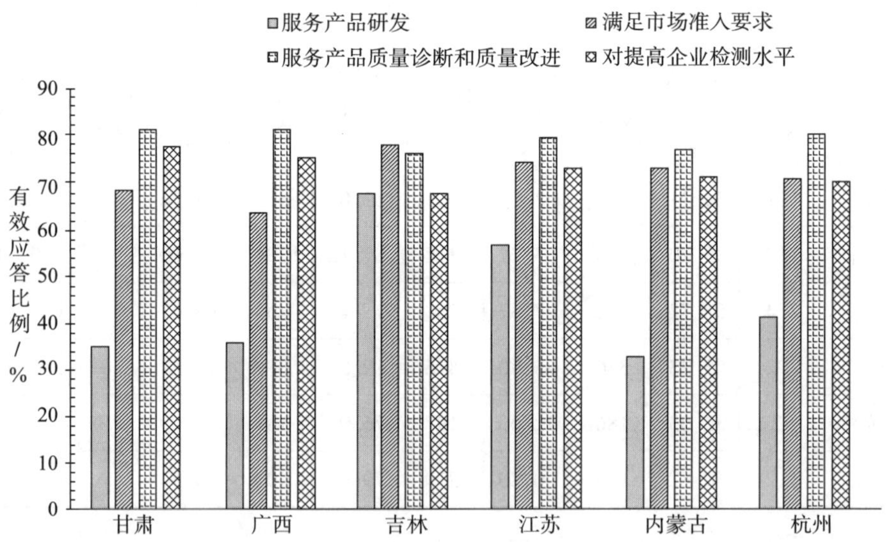

图4-63 不同地区企业关于检验检测机构对企业的作用的应答选项的分布

（2）企业计量与检验检测工作中遇到的突出问题

结果分析显示：

① 每个地区的企业反映最突出的问题集中于收费高、当地检不了检不准，分别排在每个地区的第一位、第二位。

② 量值溯源不方便、服务态度差、在线检定校准检验检测能力不足等方面，吉林地区最为突出，占比分别为50.13%、45.07%、39.20%。

详见表4－34、图4－64和图4－65。

表4－34　不同地区企业计量与检验检测工作中遇到的突出问题的应答情况

地区	选项1		选项2		选项3		选项4		选项5		选项6		其他	
	有效应答数	有效应答比例/%	有效应答数	有效应答比例/%	有效应答数	有效应答比例/%	有效应答数	有效应答比例/%	有效应答数	有效应答比例/%	有效应答数	有效应答比例/%	有效应答数	有效应答比例/%
甘肃	127	25.55	258	51.91	60	12.07	117	23.54	292	58.75	114	22.94	4	0.80
广西	91	23.21	182	46.43	38	9.69	110	28.06	266	67.86	115	29.34	16	4.08
吉林	188	50.13	200	53.33	169	45.07	63	16.80	227	60.53	147	39.20	7	1.87
江苏	135	25.81	200	38.24	36	6.88	134	25.62	322	61.57	139	26.58	9	1.72
内蒙古	50	19.53	111	43.36	24	9.38	50	19.53	153	59.77	64	25.00	2	0.78
杭州	67	24.45	124	45.26	25	9.12	72	26.28	171	62.41	80	29.20	8	2.92

注1：选项1——量值溯源不方便。
注2：选项2——当地检不了或检不准。
注3：选项3——一些机构服务态度差。
注4：选项4——一些机构工作效率低。
注5：选项5——一些项目收费高。
注6：选项6——一些机构在线检定、校准、检验检测能力不足。

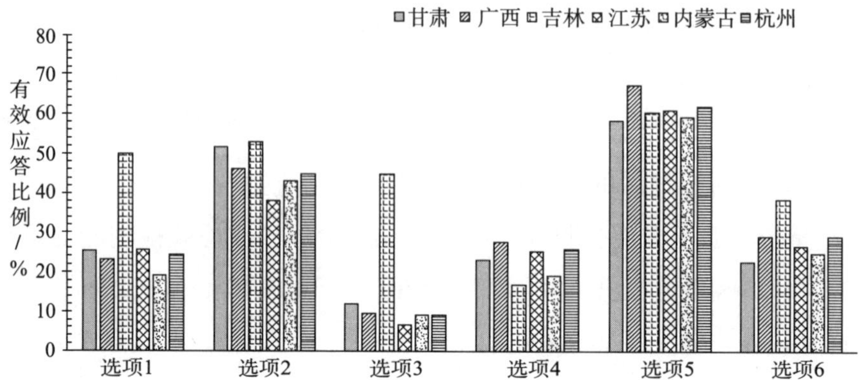

注1：选项1——量值溯源不方便。

注2：选项2——当地检不了或检不准。

注3：选项3——一些机构服务态度差。

注4：选项4——一些机构工作效率低。

注5：选项5——一些项目收费高。

注6：选项6——一些机构在线检定、校准、检验检测能力不足。

图4－64　计量与检验检测中遇到的突出问题各应答选项中不同地区企业的分布

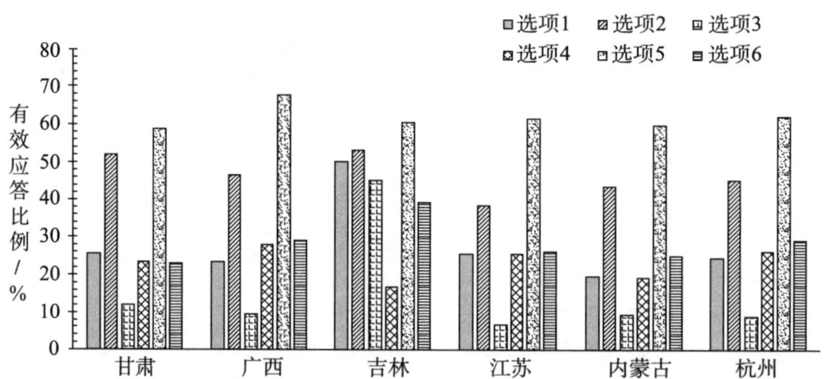

注1：选项1——量值溯源不方便。

注2：选项2——当地检不了或检不准。

注3：选项3——一些机构服务态度差。

注4：选项4——一些机构工作效率低。

注5：选项5——一些项目收费高。

注6：选项6——一些机构在线检定、校准、检验检测能力不足。

图4－65　不同地区企业计量与检验检测中遇到突出问题的应答选项的分布

3. 按企业属性分析

（1）检验检测机构对企业的作用

结果分析显示：

① 总体来说，各类属性的企业对检验检测机构服务产品研发方面的认知低于对其他三个方面作用的认知。

② 与企业自身检测能力进行比对提高企业检测水平方面，外资企业的认同度较高，为 86.79%。

详见表 4－35、图 4－66 和图 4－67。

表 4－35 不同属性企业关于检验检测机构对企业的作用的应答情况

企业类型	服务产品研发		满足市场准入要求		服务产品质量诊断和质量改进		与企业自身检测能力进行比对提高企业检测水平		其他	
	有效应答数	有效应答比例/%	有效应答数	有效应答比例/%	有效应答数	有效应答比例/%	有效应答数	有效应答比例/%	有效应答数	有效应答比例/%
国有企业	114	42.54	190	70.90	215	80.22	193	72.01	0	0.00
民营企业	304	50.67	433	72.17	466	77.67	421	70.17	5	0.83
私营企业	287	39.48	489	67.26	588	80.88	526	72.35	8	1.10
股份制企业	224	49.89	331	73.72	356	79.29	335	74.61	3	0.67
外资企业	31	58.49	41	77.36	43	81.13	46	86.79	0	0.00
独资企业	19	36.54	35	67.31	36	69.23	42	80.77	0	0.00
合资企业	37	40.66	70	76.92	67	73.63	67	73.63	0	0.00
其他	28	46.67	44	73.33	53	88.33	43	71.67	0	0.00

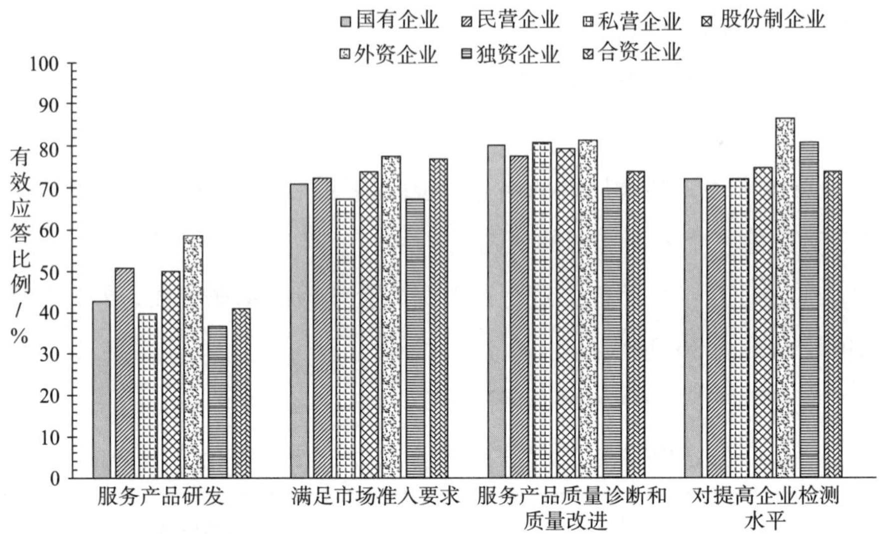

图4－66　检验检测机构对企业的作用各应答选项中不同属性企业的分布

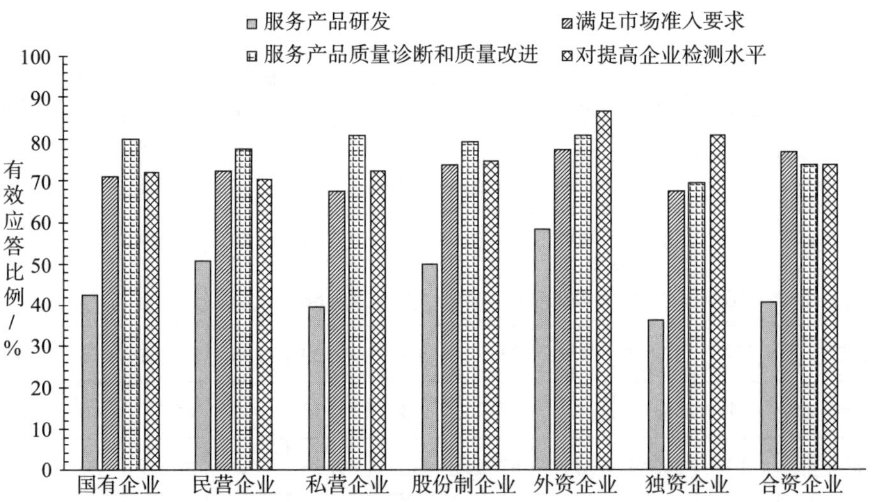

图4－67　不同属性企业关于检验检测机构对企业的作用的应答选项的分布

（2）企业计量与检验检测工作中遇到的突出问题

结果分析显示：

① 所有不同属性的企业反映最突出的问题仍然集中于收费高、当地检不了检不准，分别排在每种属性企业的第一位、第二位。

② 量值溯源不方便方面，股份制企业最高，占比32.74%；其次是合

资企业，占比 30.77%；最低的是独资企业，占比 19.23%。

③ 一些机构工作效率低方面，合资企业最高，占比 32.97%；其次是外资企业，占比 30.17%；其余均在 30% 以下。

④ 在线检定校准检验检测能力不足等方面，排在前三位的依次是合资企业、股份制企业、国有企业，占比分别为 37.36%、33.41%、32.84%。

详见表 4 – 36、图 4 – 68 和图 4 – 69。

表 4 – 36　不同属性企业计量与检验检测工作中遇到的突出问题的应答情况

企业类型	选项 1		选项 2		选项 3		选项 4		选项 5		选项 6		其他	
	有效应答数	有效应答比例/%	有效应答数	有效应答比例/%	有效应答数	有效应答比例/%	有效应答数	有效应答比例/%	有效应答数	有效应答比例/%	有效应答数	有效应答比例/%	有效应答数	有效应答比例/%
国有企业	69	25.75	134	50.00	35	13.06	60	22.39	166	61.94	88	32.84	8	2.99
民营企业	162	27.00	268	44.67	99	16.50	128	21.33	374	62.33	157	26.17	8	1.33
私营企业	210	28.89	324	44.57	105	14.44	158	21.73	425	58.46	183	25.17	12	1.65
股份制企业	147	32.74	213	47.44	69	15.37	124	27.62	295	65.70	150	33.41	8	1.78
外资企业	12	22.64	25	47.17	7	13.21	16	30.19	36	67.92	11	20.75	0	0.00
独资企业	10	19.23	27	51.92	10	19.23	11	21.15	36	69.23	10	19.23	0	0.00
合资企业	28	30.77	45	49.45	16	17.58	30	32.97	55	60.44	34	37.36	5	5.49
其他	16	26.67	34	56.67	9	15.00	16	26.67	35	58.33	22	36.67	5	8.33

注 1：选项 1——量值溯源不方便。
注 2：选项 2——当地检不了或检不准。
注 3：选项 3——一些机构服务态度差。
注 4：选项 4——一些机构工作效率低。
注 5：选项 5——一些项目收费高。
注 6：选项 6——一些机构在线检定、校准、检验检测能力不足。

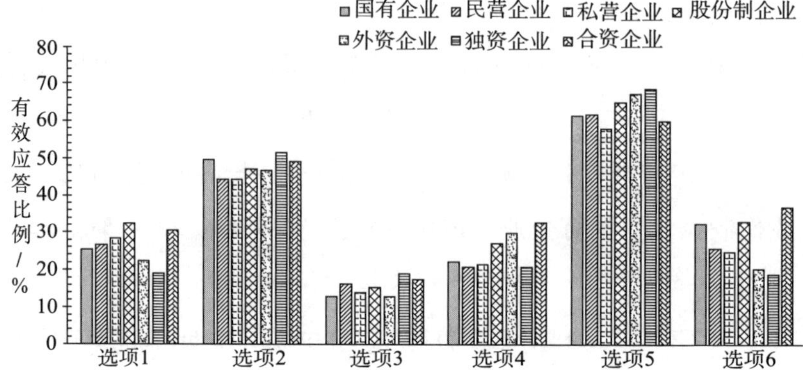

注1：选项1——量值溯源不方便。

注2：选项2——当地检不了或检不准。

注3：选项3——一些机构服务态度差。

注4：选项4——一些机构工作效率低。

注5：选项5——一些项目收费高。

注6：选项6——一些机构在线检定、校准、检验检测能力不足。

图4-68　计量与检验检测中遇到的突出问题各应答选项中不同属性企业的分布

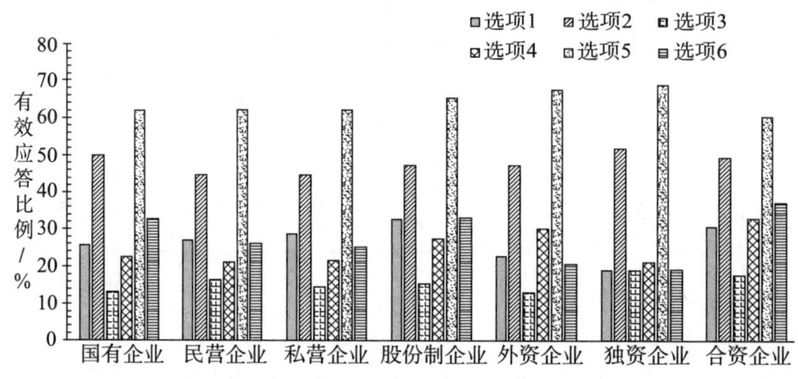

注1：选项1——量值溯源不方便。

注2：选项2——当地检不了或检不准。

注3：选项3——一些机构服务态度差。

注4：选项4——一些机构工作效率低。

注5：选项5——一些项目收费高。

注6：选项6——一些机构在线检定、校准、检验检测能力不足。

图4-69　不同属性企业计量与检验检测中遇到的突出问题的应答选项的分布

4. 按行业分析

（1）检验检测机构对企业的作用

结果分析显示：

① 总体来说，各行业的企业对检验检测机构服务产品研发方面的认知低于对其他三个方面作用的认知。

② 服务产品研发、与企业自身检测能力进行比对提高企业检测水平方面，生物医药行业的企业认同度较高，分别为62.04%、82.41%。

详见表4－37、图4－70和图4－71。

表4－37　不同行业企业关于检验检测机构对企业的作用的应答情况

行业	服务产品研发		满足市场准入要求		服务产品质量诊断和质量改进		与企业自身检测能力进行比对提高企业检测水平		其他	
	有效应答数	有效应答比例/%	有效应答数	有效应答比例/%	有效应答数	有效应答比例/%	有效应答数	有效应答比例/%	有效应答数	有效应答比例/%
农副食品加工制造业	224	41.33	399	73.62	427	78.78	393	72.51	5	0.92
机械建材制造业	344	46.30	525	70.66	591	79.54	525	70.66	3	0.40
电子电器加工制造业	134	56.54	175	73.84	193	81.43	174	73.42	1	0.42
日用化工	225	41.82	362	67.29	418	77.70	399	74.16	5	0.93
生物医药	67	62.04	85	78.70	87	80.56	89	82.41	1	0.93
信息技术、商贸服务业	40	44.94	64	71.91	73	82.02	62	69.66	1	1.12
其他	10	31.25	20	62.50	25	78.13	22	68.75	0	0.00

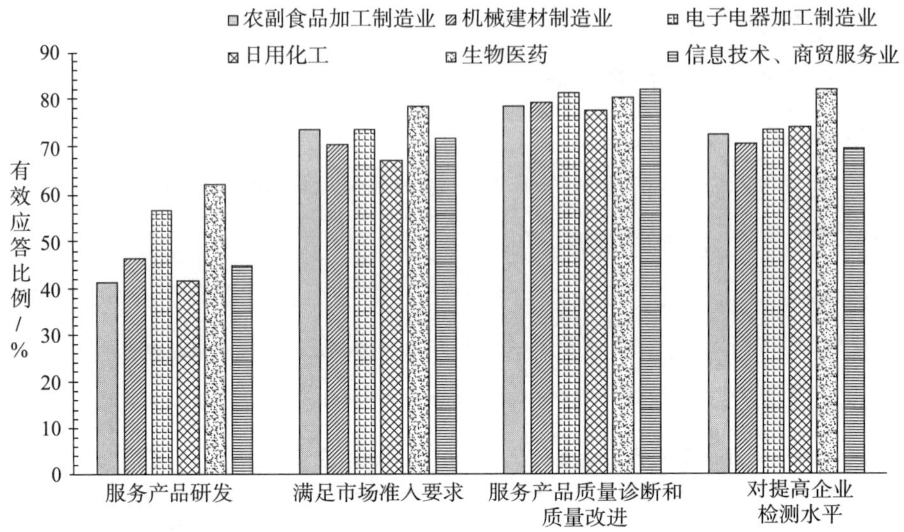

图 4-70 检验检测机构对企业的作用各应答选项中不同行业企业的分布

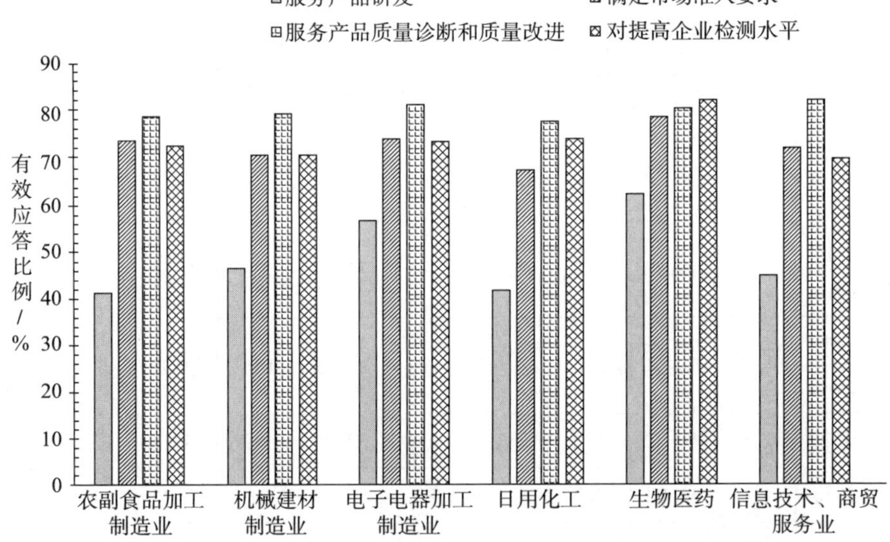

图 4-71 不同地区企业关于检验检测机构对企业的作用的应答选项的分布

（2）企业计量与检验检测工作中遇到的突出问题

结果分析显示：

① 所有行业的企业反映最突出的问题仍然集中于收费高、当地检不了检不准，分别排在每类行业企业的第一位、第二位。

② 量值溯源不方便方面，排在前三位的依次是电子电器加工制造业、生物医药、农副食品加工制造业，占比分别为32.49%、32.41%、32.10%。

③ 在线检定校准检验检测能力不足等方面，排在前三位的依次是生物医药、日常化工、电子电器加工制造业，占比分别为34.26%、30.86%、30.38%。

详见表4－38、图4－72和图4－73。

表4－38　不同行业企业计量与检验检测工作中遇到的突出问题的应答情况

行业	选项1		选项2		选项3		选项4		选项5		选项6		其他	
	应答数	应答比例/%	应答数	应答比例/%	应答数	应答比例/%	应答数	应答比例/%	应答数	应答比例/%	应答数	应答比例/%	应答数	应答比例/%
农副食品加工制造业	174	32.10	244	45.02	94	17.34	135	24.91	352	64.94	153	28.23	5	0.92
机械建材制造业	185	24.90	356	47.91	114	15.34	181	24.36	465	62.58	201	27.05	13	1.75
电子电器加工制造业	77	32.49	124	52.32	41	17.30	63	26.58	151	63.71	72	30.38	3	1.27
日用化工	151	28.07	254	47.21	70	13.01	113	21.00	319	59.29	166	30.86	12	2.23
生物医药	35	32.41	55	50.93	21	19.44	27	25.00	65	60.19	37	34.26	5	4.63
信息技术、商贸服务业	22	24.72	26	29.21	6	6.74	17	19.10	47	52.81	20	22.47	4	4.49
其他	8	25.00	8	25.00	5	15.63	6	18.75	15	46.88	5	15.63	3	9.38

注1：选项1——量值溯源不方便。
注2：选项2——当地检不了或检不准。
注3：选项3——一些机构服务态度差。
注4：选项4——一些机构工作效率低。
注5：选项5——一些项目收费高。
注6：选项6——一些机构在线检定、校准、检验检测能力不足。

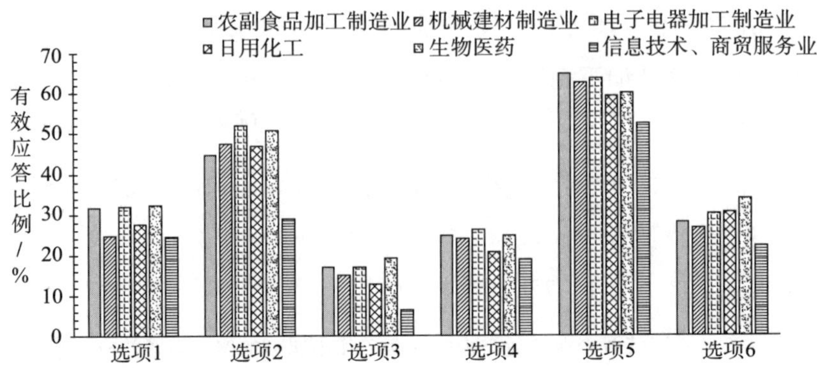

注1：选项1——量值溯源不方便。

注2：选项2——当地检不了或检不准。

注3：选项3——一些机构服务态度差。

注4：选项4——一些机构工作效率低。

注5：选项5——一些项目收费高。

注6：选项6——一些机构在线检定、校准、检验检测能力不足。

图4-72　计量与检验检测中遇到的突出问题各应答选项中不同行业企业的分布

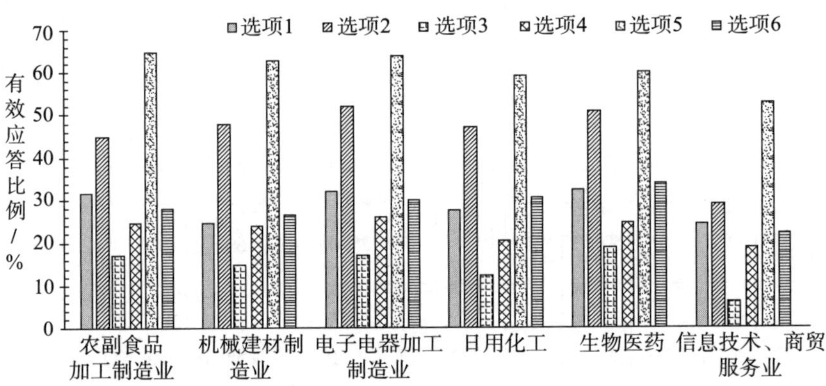

注1：选项1——量值溯源不方便。

注2：选项2——当地检不了或检不准。

注3：选项3——一些机构服务态度差。

注4：选项4——一些机构工作效率低。

注5：选项5——一些项目收费高。

注6：选项6——一些机构在线检定、校准、检验检测能力不足。

图4-73　不同行业企业计量与检验检测中遇到的突出问题的应答选项的分布

5. 按成立时间分析

（1）检验检测机构对企业的作用

结果分析显示：

① 总体来说，不同成立时间的企业对检验检测机构服务产品研发方面的认知低于对其他三个方面作用的认知。

② 总体来看，服务产品研发方面，企业成立时间越长，认同度越高。服务产品研发方面，10 年以上的企业认同度最高，为 46.82%。

详见表 4－39、图 4－74 和图 4－75。

表 4－39　不同成立时间企业关于检验检测机构对企业的作用的应答情况

成立时间	服务产品研发		满足市场准入要求		服务产品质量诊断和质量改进		与企业自身检测能力进行比对提高企业检测水平		其他	
	有效应答数	有效应答比例/%	有效应答数	有效应答比例/%	有效应答数	有效应答比例/%	有效应答数	有效应答比例/%	有效应答数	有效应答比例/%
1 年以下	2	28.57	5	71.43	6	85.71	5	71.43	0	0.00
1—3 年	32	38.55	56	67.47	62	74.70	57	68.67	0	0.00
3—5 年	70	43.75	119	74.38	128	80.00	121	75.63	2	1.25
5—10 年	192	42.11	322	70.61	351	76.97	335	73.46	3	0.66
10 年以上	752	46.82	1139	70.92	1286	80.07	1160	72.23	11	0.68

（2）企业计量与检验检测工作中遇到的突出问题

结果分析显示：

① 收费高、当地检不了检不准，分别排在各个成立时间类别的第一位、第二位。

② 量值溯源不方便方面，5—10 年的企业认同度最高，为 32.24%，最低是 1 年以下的企业，为 14.29%。

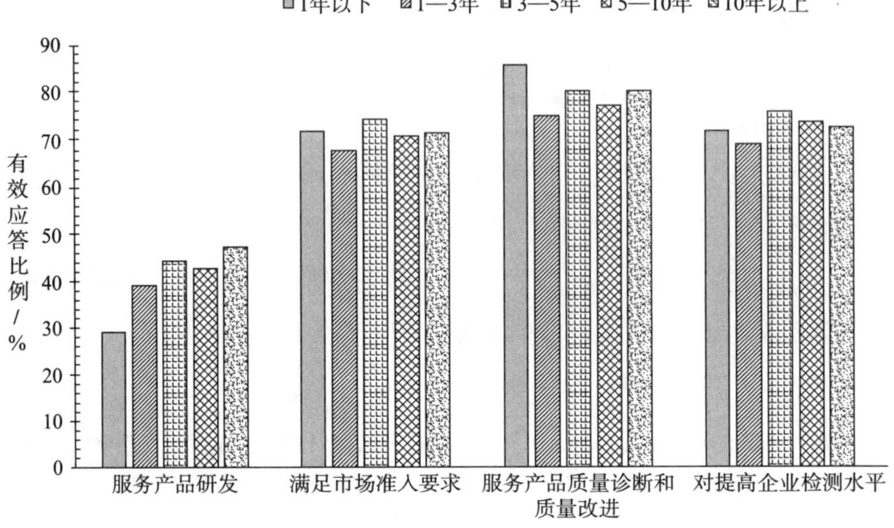

图4-74　检验检测机构对企业的作用各应答选项中不同企业成立时间的分布

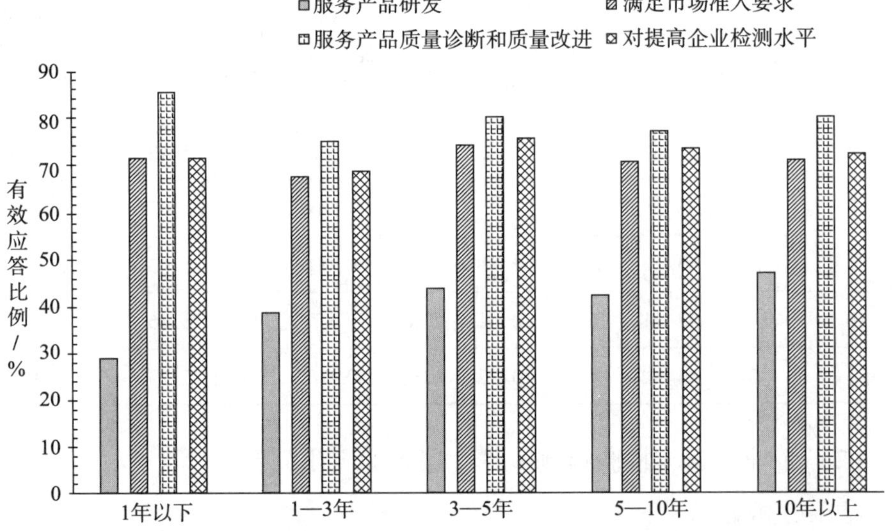

图4-75　不同成立时间企业关于检验检测机构对企业的作用的应答选项的分布

③在线检定校准检验检测能力不足等方面，10年以上的企业认同最高，为29.76%，1年以下的企业认同度最低，只有14.29%。

详见表4-40、图4-76和图4-77。

表4-40　不同成立时间企业计量与检验检测工作中遇到的突出问题的应答情况

成立时间	选项1		选项2		选项3		选项4		选项5		选项6		其他	
	有效应答数	有效应答比例/%	有效应答数	有效应答比例/%	有效应答数	有效应答比例/%	有效应答数	有效应答比例/%	有效应答数	有效应答比例/%	有效应答数	有效应答比例/%	有效应答数	有效应答比例/%
1年以下	1	14.29	2	28.57	2	28.57	1	14.29	3	42.86	1	14.29	1	14.29
1—3年	24	28.92	32	38.55	9	10.84	20	24.10	51	61.45	19	22.89	2	2.41
3—5年	39	24.38	77	48.13	20	12.50	30	18.75	102	63.75	37	23.13	1	0.63
5—10年	147	32.24	227	49.78	72	15.79	104	22.81	254	55.70	123	26.97	8	1.75
10年以上	445	27.71	734	45.70	249	15.50	391	24.35	1019	63.45	478	29.76	34	2.12

注1：选项1——量值溯源不方便。
注2：选项2——当地检不了或检不准。
注3：选项3——一些机构服务态度差。
注4：选项4——一些机构工作效率低。
注5：选项5——一些项目收费高。
注6：选项6——一些机构在线检定、校准、检验检测能力不足。

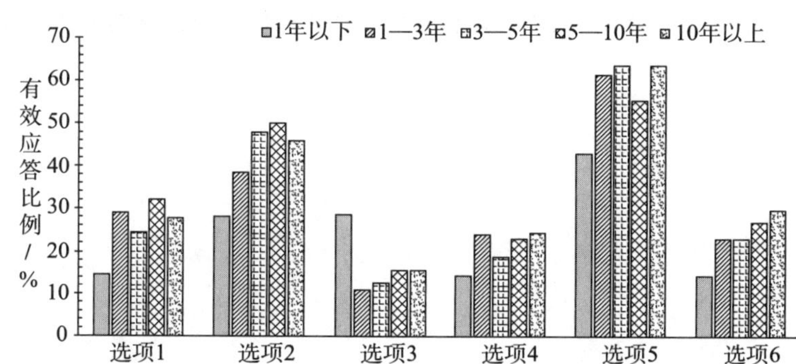

注1：选项1——量值溯源不方便。

注2：选项2——当地检不了或检不准。

注3：选项3——一些机构服务态度差。

注4：选项4——一些机构工作效率低。

注5：选项5——一些项目收费高。

注6：选项6——一些机构在线检定、校准、检验检测能力不足。

图4-76　计量与检验检测遇到的突出问题各应答选项中不同企业成立时间的分布

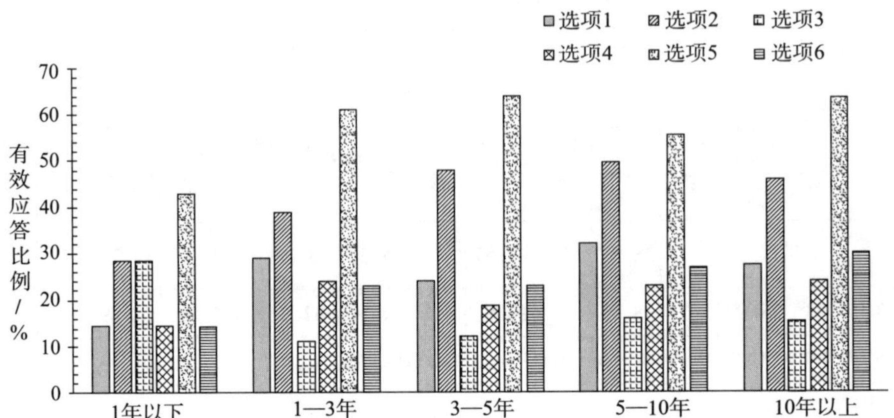

注1：选项1——量值溯源不方便。

注2：选项2——当地检不了或检不准。

注3：选项3——一些机构服务态度差。

注4：选项4——一些机构工作效率低。

注5：选项5——一些项目收费高。

注6：选项6——一些机构在线检定、校准、检验检测能力不足。

图4-77　不同成立时间企业计量与检验检测中遇到的突出问题的应答选项的分布

第五章　我国国家质量技术基础面临的机遇与挑战

发达国家的实践经验证明，基础强，质量强；质量强，国家强。伴随着新技术革命和产业革命的历史性交汇，发达国家的质量技术基础建设呈现一些趋势性变化。一是战略定位更加明确，顶层设计越来越完善，重视程度越来越高；二是规划和建设的系统性更加清晰，抢先布局越来越积极，要素投入越来越多；三是品牌知名度和影响力更加突出，技术升级越来越快，市场份额越来越大。这些变化将对“十三五”乃至更长时期我国国家质量技术基础的发展产生深远影响，也带来机遇与挑战。

一、我国国家质量技术基础面临的机遇

（一）质量强国战略实施带来机遇

为促进质量提升，2012 年 2 月 6 日，国务院印发了《质量发展纲要（2011—2020）》（国发〔2012〕9 号）。文件指出，“面对新形势、新挑战，坚持以质取胜，建设质量强国，是保障和改善民生的迫切需要，是调整经济结构和转变发展方式的内在要求，是实现科学发展和全面建设小康社会的战略选择，是增强综合国力和实现中华民族伟大复兴的必由之路”。这是质量强国概念在国家层面的首次提出。2016 年 3 月 29 日，第二届中国质量奖颁奖大会在京召开。李克强总理作出重要批示：“质量发展是强国

之基、立业之本和转型之要。各地区、各部门要大力实施质量强国战略，坚持改革创新，加强政策引导，把提升质量作为推动供给结构、需求结构升级的重要抓手，为加快发展新经济、培育壮大新动能、改造提升传统动能提供有力支撑”。2016 年 3 月 17 日，《国民经济和社会发展第十三个五年规划纲要》发布，明确提出要“实施质量强国战略，大力推动中国质量、中国品牌建设。”2017 年 4 月 21 日，习近平主席在广西调研时强调，“特别要突出定向、精准、有度，深化‘三去一降一补’，着力振兴实体经济，深入实施质量战略，推动创新驱动发展，加快形成新的增长动力源。”2017 年 9 月 5 日，《中共中央 国务院关于开展质量提升行动的指导意见》发布，明确要求“坚持以提高发展质量和效益为中心，加快建设质量强国。”2017 年 10 月 18 日，党的十九大召开，习近平总书记在报告中指出“加强应用基础研究，拓展实施国家重大科技项目，突出关键共性技术、前沿引领技术、现代工程技术、颠覆性技术创新，为建设科技强国、质量强国、航天强国、网络强国、交通强国、数字中国、智慧社会提供有力支撑。”2017 年 12 月 20 日，中央经济工作会议指出“推动高质量发展作为当前和今后一个时期确定发展思路、制定经济政策、实施宏观调控的根本要求，必须深刻认识、全面领会、真正落实”。这一系列战略部署和要求，体现了党中央对质量的战略定位，体现了中央“把发展的立足点转到质量和效益上来”的坚定决心。

质量强国战略的实施，给质量技术基础的发展带来重大机遇。党中央和国务院领导强调质量强国战略，营造了全社会关心质量技术基础建设、重视质量技术基础建设、支持质量技术基础建设的良好社会氛围。中央颁布实施的一系列国家战略规划中，都明确部署了质量技术基础建设，为质量技术基础建设指明了方向。其中《指导意见》明确要求，要“加快国家质量基础设施体系建设”“深化国家质量基础设施融合发展”“提升公共技术服务能力”“健全完善技术性贸易措施体系”。质量强国战略的部署实施，建立了“党委领导、政府主导、部门联合、企业主责、社会参与”的大质量工作格局，加强了质量技术基础的系统性建设，为质量技术基础快速发展注入了强大动力。

从质量强国战略的实施过程看，实现从低附加值向高附加值、从高能耗高污染向低能耗低污染升级，需要提高生产要素的质量和使用效率，其中关键是提升每一个生产单元产品质量，产品质量提升的基石是国家质量技术基础，计量能发挥其基础性、一致性、准确性、有效性、服务性的作用，尽可能减少新技术采用为企业生产带来的不确定性和潜在的市场风险，加快基础研究成果的产业化进程，最大限度节约企业生产成本，提高企业利益；标准化支撑产业链质量的提高，并为质量改进提供路线图，从而优化产业结构；第三方认证和检验检测能够减少质量信息不对称，促使企业改进产品质量和管理，进而有效改善质量供给，并促进消费升级，从需求层面拉动经济增长。

（二）“一带一路”倡议实施带来机遇

“一带一路”倡议是21世纪中国迈向世界强国进程中，一项中长期、统领性的重大战略。从2013年9月，习近平主席访问哈萨克斯坦期间首次提出建设丝绸之路经济带倡议，到《推动共建丝绸之路经济带和21世纪海上丝绸之路的愿景与行动》发布，已经有100多个国家和国际组织积极参与其中，70多个国家和国际组织同中国签署“一带一路”合作协议，一系列部门间合作协议覆盖政策沟通、设施联通、贸易畅通、资金融通、民心相通等“五通”领域。“一带一路”建设从无到有、由点及面，进度和成果超出预期，真正连接起了活跃的东亚经济圈和发达的欧洲经济圈。

国家质量技术基础是国际交流与积累的结晶，是国际通用的技术语言，契合“一带一路”“共商、共建、共享”思想，在“一带一路”互联互通体系建设中举足轻重。“一带一路”倡议的核心是促进贸易畅通，贸易畅通离不开国家质量技术基础的互通。“一带一路”沿线国家衔接、联通彼此的质量技术基础体系，可以有效提升质量，消除壁垒，促进国际贸易和投资自由化、便利化，提升“一带一路”沿线人民的福祉，推进民心相通，区域相融。

“一带一路”倡议实施搭建了国家质量技术基础“走出去”的桥梁。“一带一路”沿线国家标准的协调互认，有助于增强标准的使用范围和功效，简化流程，畅通贸易，降低标准制修订成本；“一带一路”沿线国家建立计量信息互换机制，有助于促进量值的国际等效，降低计量交易成本，形成区域在计量研究方面的合力，提升计量能力与水平；“一带一路”沿线国家加强认证、检测领域的互认与合作，有助于实现“一个标准、一张证书、区域通行、全球互认”，扩大认证认可体系的适用范围和工作效率，推动重大项目联合攻关，提升检验检测的能力与水平，推动执法互助、风险共防。

“一带一路”倡议的实施，构建了质量技术基础国际合作的“朋友圈”。在此基础上，中国政府部门发布了《标准联通“一带一路”行动计划（2015—2017年）》《共同推动认证认可服务“一带一路”建设的愿景与行动》《“一带一路”计量合作愿景和行动》，共同制定国际标准和认证认可规则，推进认证认可和标准体系对接，促进计量标准“一次测试、一张证书、全球互认”，推动认证认可和检验检测“一个标准、一张证书、区域通行”，探索出了国家质量技术基础走出去的新路径，开拓出了质量技术基础国际合作的新境界。

（三）供给侧结构性改革带来机遇

推进供给侧结构性改革，是以习近平总书记为核心的党中央深刻把握我国经济发展大势作出的战略部署，是“十三五”时期的发展主线，是适应和引领经济发展新常态的重大创新，是适应后国际金融危机时期综合国力竞争新形势的主动选择。

提高供给质量是供给侧结构性改革的主攻方向，全面提高产品和服务质量是提升供给体系的中心任务。无论是“三去一降一补”，减少无效和低端供给，还是提升质量，扩大有效供给和优质供给，都离不开质量技术基础的支撑。比如，在淘汰落后、过剩产能中，标准等质量技术基础发挥着关键作用。近年来，质检总局联合国家发展改革委组织实施了两期“百项能效标准推进工程”，发布了206项节能国家标准，覆盖了钢铁、建材、化工等高耗能行业，设置了限定值和准入值，为倒逼过剩产能退出市场做出积极贡献。

在供给侧结构性改革中，质量技术基础也是一种质量供给、制度供给。近年来，国家标准委对标准供给进行了改革，将6000多项国家强制性标准向社会公开，并降低标准文本收费范围与标准，这迎合了企业的标准需求，极大地释放了标准对企业发展的促进作用。在检验检测供给领域，近年来，国家推进了检验检测和认证认可机构的改革，将更多事业单位主体改革为企业单位，既激发了市场活力，也有利于检验检测和认证认可机构的发展壮大。

（四）《中国制造2025》实施带来机遇

制造业是立国之本，质量技术基础是强国之基。2015年5月8日，国务院正式印发《中国制造2025》，提出要以提质增效为中心，以满足经济社会发展和国防建设对重大技术装备的需求为目标，强化工业基础能力，促进产业转型升级，实现制造业由大变强的历史跨越。

《中国制造2025》明确要求：夯实质量发展基础。制定和实施与国际先进水平接轨的制造业质量、安全、卫生、环保及节能标准。加强计量科技基础及前沿技术研究，建立一批制造业发展急需的高准确度、高稳定性计量基标准，提升与制造业相关的国家量传溯源能力。加强国家产业计量测试中心建设，构建国家计量科技创新体系。完善检验检测技术保障体系，建设一批高水平的工业产品质量控制和技术评价实验室、产品质量监督检验中心，鼓励建立专业检测技术联盟。

完善认证认可管理模式，提高强制性产品认证的有效性，推动自愿性产品认证健康发展，提升管理体系认证水平，稳步推进国际互认。

《中国制造 2025》提出的这些任务要求，明确了我国质量技术基础建设的重点和突破口，勾勒出质量技术基础建设的方向和路线图，既为国家质量技术基础的建设带来春天，也为制造强国建设奠定坚实的基础。

（五）新科技革命带来的发展机遇

当前，新一轮科技革命和产业变革与我国加快转变经济发展方式形成历史性交汇，国际产业分工格局正在重塑，为国家质量技术基础创新发展带来重大历史机遇。

从计量领域看，世界范围内的计量技术革命，对各领域的测量精度产生深远影响；生命科学、海洋科学、信息科学和空间技术等快速发展，带来巨大计量测试需求；国民经济安全运行、区域经济协调发展、自然灾害有效防御等领域的量传溯源体系建设等，都为计量发展带来机遇。

从标准领域看，云计算、物联网、工业互联网等技术的兴起，迫切需要标准解决互联互通的问题。新技术不断涌现，如智能制造技术、微纳制造技术、再制造技术、增材制造技术、仿生制造技术等，为提高制造业的国际竞争力，抢占国际标准的制高点，迫切需要加快新兴制造技术的标准化研究，以及相关标准的研制和推广。

在合格评定（认证认可、检验检测）领域，伴随着经济和科技的迅猛发展，新技术、新产品、新业态、新模式爆炸式亮相，新能源、碳减排、信息安全、现代服务业等产业迅速兴起，质量的概念和内涵不断扩充，这些新增的内涵、要素越来越需要专业的权威评估，合格评定的需求越来越强，认证认可和检验检测的视野不断向深度和广度全面展开，其影响越来越广，作用也越来越大。

二、我国国家质量技术基础面临的挑战

机遇与挑战并存。伴随着新一轮科技革命和产业革命，我国经济社会发展进入新常态、迈向质量时代，全面深化改革进入攻坚期，我国国家质量技术基础的功能定位面临重大调整，能力水平需要大力提升，发展中面临的矛盾和问题变得更加集中和严峻。

（一）实现技术赶超任务艰巨

技术进步的生命周期特点与产业发展阶段，共同决定了后发国家技术进步和实现赶超的难度。总体来看，我国国家质量技术基础正在由“跟跑”过渡到“并跑”，部分领域开始“领跑”。在这样的背景下，技术路线和市场的不确定性增强，政府难以通过计划、规划确定未来的发展方向，国家质量技术基础创新突破的难度较大。特别是在一些领域，我国还没有掌握技术的制高点，仪器设备的核心部件和关键技术受制于人。以计量为例，我国仪器仪表科技创新及产业化进展滞缓。现代计量是现代产业产品中，更新换代频率最高、新技术应用和发展极迅速的门类之一，每年都有一批新产品推出。但是，在已经跨入 21 世纪的今天，我国计量仪器仪表普遍水平还停留 20 世纪 80 年代初的水平，大型和高档仪器设备几乎全部依赖进口，很多急需的专用仪器还是空白。

（二）服务现代化进程任务艰巨

当前，新一轮科技革命和产业革命正在孕育兴起，新技术、新产品、新业态、新商业模式层出不穷、广泛渗透，几乎所有领域发生了以绿色、智能、泛在为特征的群体性技术革命，如何加快自身创新发展、服务各个领域的创新发展，对国家质量技术基础的能力水平提出了新要求。例如国

外先进生产线的产品，次废品少或几乎没有，其中重要的因素就是充分运用了在线测量和监控技术。发达国家推进的柔性制造系统，更需要现代计量检测手段的技术保障。再比如，工业化、信息化、城镇化、农业现代化，每“一化”都离不开标准化。智能制造、“互联网+”、智慧城市建设、电子商务发展、“美丽乡村”建设等，也对国家质量技术基础的能力水平提出新挑战。推进清洁绿色生产，必须加快建立健全节能减排和循环经济标准体系，建立健全低碳产品标识、节能产品认证等制度。

（三）加快职能转变任务艰巨

《中共中央关于全面深化改革若干重大问题的决定》明确指出，政府要加强发展战略、规划、政策、标准等制定和实施，加强市场活动监管，加强各类公共服务提供；加强地方政府公共服务、市场监管、社会管理、环境保护等职责。政府简政放权后，创新行政管理方式，加强事中事后监管，实现放管结合、善管善治，对国家质量技术基础提出新任务；在大众创业、万众创新的浪潮中，搭建质量技术基础公共服务平台，服务孵化器、众创空间内小微企业的创业创新，对国家质量技术基础的服务水平提出新要求；创新社会管理需要国家质量技术基础特别是标准工具来细化落实，对国家质量技术基础的能力水平提出新挑战。

（四）提升国际化水平任务艰巨

我国正在加快构建开放型经济新体制，特别是自由贸易区战略、“一带一路”倡议，是加快从贸易大国走向贸易强国，巩固外贸传统优势，培育竞争新优势，拓展外贸发展空间的重大战略举措。它不仅要求交通、运输、水利、电力、通讯等基础设施加快互联互通，也要求加强国家质量技术基础的合作交流，从技术层面扫清障碍，实现更深层次、更为紧密的互联互通。

近年来，我国质量技术基础的国际化取得显著进展，但是与产业需求相比，我国获得国际互认的测量能力相对薄弱，参与和主导制定的具有影响力的国际标准不多，我国标准的国际认可度还不高，标准的国际影响力和竞争力需要提高，认证认可对我国产品走出去的支持力度不足，检验检测水平和服务能力无法满足产业国际化需求，在一定程度上制约了中国装备、技术和服务“走出去”，迫切需要提升我国国家质量技术基础国际化水平。

第六章　新常态下进一步夯实国家质量技术基础的对策建议

随着经济全球化和科技变革的发展，许多国家都将质量提升作为增强国家竞争力、提高国际话语权的重要内容。质量技术基础作为国家治理体系和治理能力现代化的重要支撑，是促进产业转型升级，推进经济提质增效的重要动力。为充分释放国家质量技术基础效能，应进一步夯实我国国家质量技术基础，发挥其对建设质量强国、迈向质量时代的支撑引领作用。

一、加强国家质量技术基础的法制建设

十八届四中全会提出要“全面推进依法治国”。质量技术基础作为国家质量治理体系的重要组成部分，是“依法治国”理念落实的重要对象。国外发展经验也表明，建立国家质量技术基础系统，需要通过立法的形式，强化国家质量技术基础系统之间机构关系和作用，明确职责，突出地位，发挥作用。如美国通过出台《质量振兴法案》，强调质量服务机构都要坚持独立第三方的立场，为产品提供真实可靠的质量数据，并接受政府的定期审查，用法律保证了国家质量技术基础各项功能的正常运作。而尼日利亚在建设国家质量技术基础项目过程中，先通过立法确定了国家质量技术基础的地位，并依此建立了国家质量技术基础委员会以及相应机构。我国也先后制定《产品质量法》《计量法》《标准化法》《认证认可条例》等

支持国家质量技术基础的发展。但这些法律法规目前仍存在一些问题，我国《认证认可条例》已有十多年未修订，检验检测领域尚无法律法规。另外，很多的法条已经不能适应现在经济社会发展的现实情况。目前，迫切需要加快我国国家质量技术基础相关法律法规的制修订工作，推动质量技术基础真正实现依法建设和治理。

（一）加快《标准化法实施条例》修订完善

目前，根据新《标准化法》规定，我国标准包括国家标准、行业标准、地方标准和团体标准、企业标准。其首次明确了团体标准的法律地位，并提出“鼓励学会、协会、商会、联合会、产业技术联盟等社会团体协调相关市场主体共同制定满足市场和创新需要的团体标准”，这对团体标准发展的意义重大。团体标准可解决“无标生产”问题，切实提高供给结构的适应性和灵活性；可制定高技术指标促进产品质量提升，减少无效供给，扩大优质增量供给；可构建利益捆绑的共赢机制减少恶性竞争，提高社会全要素生产率。它是NQI未来发展的重要支撑和组成部分。应加快修改完善《标准化法实施条例》，强化对团体标准发展的规范管理和引导。特别是要进一步明确团体标准的定义、范围及功效作用，并细化促进团体标准发展的具体规定措施。另外，新《标准化法》仍继承了老《标准化法》中关于“国家标准分为强制性标准、推荐性标准”的提法，但是要结合国际形势来辩证看待这个问题。目前，欧美发达国家已经弱化了国家强制性标准的作用，其标准制修订和采用遵循自愿性原则，带强制性的规定一般是技术法规，如RoHS指令等。因此，在我国《标准化法实施条例》的修改中，应面向世界，与发达经济体接轨，参照欧美日等发达国家经验，逐步建立技术法规与自愿性（或推荐性）标准相结合的标准体制，减少标准化管理机构对标准制修订的直接参与，让强制性标准逐渐等同技术法规，以减少个性化、定制化生产时代所谓强制性标准可能对新材料、新工艺、新技术发展与应用产生的限制，并为我国标准走向世界奠定基础。

（二）加快《计量法实施细则》修订完善

必须重视对《计量法实施细则》的进一步完善。要改变法制计量仅停留在计量器具管理上的现状局面，将计量工作重心引导到“计量器具的监管和测量结果的监管相结合”的工作方向上来，让计量工作围绕“测量结果是否准确一致”开展，加强计量与生产、工艺、经营、质量、效益、节能、降耗等之间的联系，使计量工作更好地服务于国民经济大方向。

（三）加快《质量促进法》立法

当前，我国与质量有关的法律有11部之多，但这些法律过于偏重政府质量管理这单一质量治理模式，对企业、消费者、社会组织和质量技术服务机构在质量治理中的积极作用、权利和义务较少提及，这对凝聚多方力量，夯实我国国家质量技术基础不利。要加快推进《质量促进法》的立法，将质量技术基础建设和发展作为其法定内容，固化其法律地位，合理配置政府、企业、消费者、社会组织和质量技术服务机构的质量促进权限，明确各类主体促进质量发展的基本职责、行为模式与边界，为夯实国家质量技术基础、加快推进质量治理创新、促进质量持续改进、提供良好的制度环境和法律保障。

二、优化国家质量技术基础的顶层设计

党的十九大报告指出，要“推进国家治理体系和治理能力现代化”。质量技术基础是国家治理体系和治理能力现代化的重要支撑。要建设现代化的国家质量技术基础体系，充分发挥其对国民经济和社会发展的促进作用，必须运用好战略思维与系统思想，做好顶层设计。近年来，党中央、国务院对国家质量技术基础的建设和发展加大了重视力度，国家质量技术基础已经写入《中共中央 国务院关于开展质量提升行动的指导意见》《国

家创新驱动发展战略纲要》，被以专栏形式写入《国家科技创新“十三五”规划》，还在《国民经济和社会发展第十三个五年规划纲要》《中国制造 2025》等重大规划中有所体现。但总体来看，还需进一步优化其顶层设计。

（一）强化国家质量技术基础的国家战略地位

2017 年 12 月 18 日至 20 日召开的中央经济工作会议指出，要“坚持新发展理念，紧扣我国社会主要矛盾变化，按照高质量发展的要求来开展各项工作。”质量发展已被视为“强国之基、立业之本和转型之要”。作为国家经济社会高质量发展的重要基石，国家质量技术基础强大与否是质量强国能否实现的关键。世界主要发达国家高度重视国家质量技术基础，纷纷将其纳入国家战略，其中美、德等 44 个国家还将计量写入了宪法。我国要借鉴国际先进做法，进一步强化国家质量技术基础的战略地位，特别是要将国家质量技术基础与创新驱动发展、供给侧结构性改革、“一带一路”倡议落实等国家重点战略工作深度对接，在制定实施重大战略规划和政策措施时，同步考虑质量技术基础的建设，抓好规划部署。另外，还要将国家质量技术基础建设工作纳入各级党委、政府的中心工作，纳入政府的质量工作考核范围，并加快制定出台《质量强国战略实施方案》，将国家质量技术基础发展抓实、抓牢。

（二）制定《国家质量技术基础中长期发展规划》

规划在中国是政治行为的一种常态，它是确定政策优先顺序的推动力，是政策调整的界限，是授予机构权力的依据，是决定各级政府之间权力分配的关键。作为顶层设计的一部分，规划对于国家质量技术基础的建设发展非常重要。近年来，质检总局、国家标准委、国家认监委等加大了对国家质量技术基础发展的规划设计，出台了《质量监督检验检疫事业发展“十三五”规划》《国家标准化体系建设发展规划（2016—2020 年）》

和《认证认可检验检测发展“十三五”规划》等规划文件。但是这些规划文件也存在一些问题，要么只是将国家质量技术基础作为质检整体工作的一小部分来进行设计，要么就是对单个的计量、标准、检验检测和认证认可等作规划设计，对国家质量技术基础的重要性和整体性凸显不够。目前，迫切需要将国家质量技术基础作为一个单独整体来进行规划设计，就像交通、水利、医疗等基础设施一样，编制好《国家质量技术基础中长期发展规划》，整合好全国的计量、标准、检验检测、认证认可资源，实现融合发展。

（三）组建国家质量技术基础建设领导小组

领导小组是极具中国特色的议事协调机制，它们通常出于重视或力图解决某个问题的需要而成立，由权力层级较高的领导和部门牵头、联合各相关机构组成，承担着政策研究和规划、信息交流与沟通、政策执行的协调与监督等功能。近年来，在我国国民经济和经济社会发展大背景下，一些新问题、新情况不断涌现。为解决这些发展中存在矛盾与问题，党中央领导成立了多个领导小组，如中央深化改革领导小组、财经工作领导小组等等。据媒体报道，目前国家层面公开的领导小组有 22 个之多。这些领导小组在总揽全局、协调各方解决问题方面发挥了积极作用。质量技术基础是国家治理体系一部分，其中计量、标准、检验检测、认证认可等工作涉及科技部、工信部、农业部、交通运输部、国土资源部、环保部、水利部等多个部委的职能，而作为国务院下属机构，质检总局在组织、协调全国质量技术基础工作整体推进方面面临不少问题和压力，亟待成立更高层面的领导、协调机构。建议组建国家层面的国家质量技术基础建设领导小组，由国务院副总理以上领导领衔，迅速积聚各种资源、协调各政府部门行动来推动我国国家质量技术基础相关工作的有效开展。

（四）保持国家质量技术基础管理机构完整性

党的十八届三中全会作出全面深化改革的重大决定。在党中央、国务院的领导下，国家质量监管体制改革也在大步推进。善弈者谋势，不善者谋子。国家质量技术基础作为一个有机整体，不能仅仅成为“盘上分散的子”。因为四大基础“你中有我、我中有你”，具有不可或缺性、不可替代性、不可分割性，只有四者协调共进，才能发挥好促进经济社会健康发展的功效。因此，在体制机制改革中，应保持这一技术体系的相对独立、系统和完整，不能碎片化，要加强国家质量基础设施的统一建设、统一管理，保持中央、省、市、县四级国家质量技术基础的系统完整。

（五）建立跨部门、跨行业、跨领域的联席工作机制

质量技术基础的建设是一项系统性工程，涉及多个部门、多个行业和多个领域。要夯实国家质量技术基础，除了要加强组织领导，还需要加强中央与地方的上下互动，加强部门之间的协同配合，加强各领域之间的相互渗透，要形成上下联动、齐抓共治的工作格局。建议在国家层面成立跨部门、跨行业、跨领域的联席工作机制，统筹国内、国际两个大局，统筹政府、社会、市场三大主体，统筹产、学、研、用，发挥各方优势，整合各方资源，全面深入推进国家质量技术基础建设。

（六）将国家质量技术基础纳入国家重点建设项目

国家重点建设项目是指从国家大中型基本建设项目中确定的对国民经济和社会发展有重大影响的骨干项目，包括基础设施、基础产业和支柱产业中的大型项目、高科技并能带动行业技术进步的项目、跨地区并对全国经济发展或者区域经济发展有重大影响的项目和对社会发展有重大影响的项目，等等。国家质量技术基础非常符合上述所提国家重点建设项目的特征要求，应将其纳入国家重点建设项目的一揽子计划，按照《国家重点建设项目管理办法》的要求，组织好推进落实。

三、深化国家质量技术基础的制度创新

改革是新常态下解决问题的关键，要重视改革，依赖改革，向改革要动力，以改革破难题。国家质量技术基础作为打造现代化国家质量治理体系的关键一环，需要不断改革以激发其适应新常态、引领新常态的发展活力。制度创新是改革的重要方向，以制度创新来推动改革，更能越过事物的表象，击中改革的要害，抓住改革的根本；更能使改革态势跃出局部，延展到全局；更能使改革力度穿透表面，抵达矛盾汇聚的深处和利益交错的枢纽。要深化国家质量技术基础体系的制度创新。

（一）健全分类管理制度

改革开放40年的实践证明，市场配置资源是最有效率的形式。健全社会主义市场经济体制必须遵循市场决定资源配置这一市场经济的一般规律，着力解决市场体系不完善、政府干预过多和监管不到位问题。国家质量技术基础是为社会主义市场经济发展服务的，在其建设过程中必须正确处理好政府与市场的关系，使市场在资源配置中起决定性作用，从而推动资源配置依据市场规则、市场价格、市场竞争实现效益最大化和效率最优化。具体来说，就是要通过完善制度措施，合理划分公益性和经营性质量基础设施，政府抓好公益性质量技术基础建设，而可以市场化运作的都"凯撒的归凯撒"，让市场发挥资源配置作用，目的是要建立起公益性和经营性相互配套、相互协调、相互作用的质量基础设施体系。以标准为例，就是要加快标准分类管理，让政府回归到履行"兜底线""保基本"的职责，建立并完善好企业标准的自我声明公开制度，完善好以知识产权保护为核心的成果转化机制，将推荐性标准交还给市场自主制定，对团体标准等不搞行政许可和准入，从而在整体上达到"整合精简强制性标准，优化完善推荐性标准，培育发展团体标准，放开搞活企业标准"的目标。

（二）完善准入机制门槛

国家质量技术基础是一个系统工程，仅靠政府投资无法实现质量技术基础体系的全面进步，必须调动社会多方资源，形成齐头并进的良好局面。因此，要注重完善准入门槛机制，放低准入门槛，培育自由竞争的市场环境，让更多的社会资源加入到国家质量技术基础体系建设中来。在检验检测方面，就是要完善统一的检验检测机构资质认定制度，鼓励不同所有制形式的技术机构平等参与市场竞争，让公益类检验检测认证机构对涉及国计民生的产品质量安全监督实施有效技术支撑，让第三方检验检测机构在完善产品质量快速检验检测手段，提高检验检测整体能力和质量服务水平等方面发挥作用。在认证认可方面，就是要完善第三方质量评价体系，引导开展高端品质认证，推动自愿性产品认证的健康有序发展。

（三）做好事中事后监管

目前，我国国家质量技术基础建设正在由政府主导转向多方共同参与，由于监管制度尚不健全，一些无资质开展计量、检验检测，超范围开展认证认可和检验检测，出具虚假计量报告、认证认可证书和检验检测报告的不法行为并不少见，严重损害了我国国家质量技术基础的声誉与正常发展。党中央提出要把“推进政府监管体制改革，加快构建事中事后监管体系”作为推进国家治理体系和治理能力现代化的必然之举。国家质量技术基础作为国家质量治理体系的重要组成部分，加快构建事中事后监管体系势在必行。诚信体系建设是事中、事后监管体系的基础性工程，而风险管理是以最小成本争取获得最大安全保证的管理方法。应以诚信监管和风险管理为核心，构建一个国家质量技术基础的整体管理体系，加强对认证机构、实验室和检测机构等的监督管理。

四、夯实国家质量技术基础的发展基石

国家质量技术基础既包括法规体系、管理体系等“软件”设施，也包括检验检测仪器设备、实验室等“硬件”设施。打造强大的国家质量技术基础需要充足的资源保障和良好的发展环境。

（一）加大财税政策支持

国家质量技术基础的发展需要充足的资金支持，应建立完善的金融扶持、财政补贴和税收优惠政策来支持发展。科技部已设立国家重点研发计划专项，支持质量技术基础领域共性技术的研究与应用。下一步，中央财政主管部门应推动建立持续稳定的财政投入机制，继续加大对质量技术基础的投资建设力度，支持重大质量技术研发、质量技术基础政策法规研究制定以及质量技术基础设施公共服务平台建设等。各级地方政府也要加大对质量技术基础建设的公共投入。另外，为引导更多社会资本参与国家质量技术基础建设，国家税费主管部门应研究实施结构性减税，制定和落实质量技术研究开发费用加计扣除等财税政策。

（二）加快质量人才培养

作为新知识、新技术的发现者、发明者，人才是第一资源，是最重要的生产要素。国家质量技术基础的发展离不开充足人才资源。应加强质量研究机构和质量教育学科的建设，为国家质量技术基础发展提供充足的智力支持。一方面，要加大现有专业人才培训的力度，逐步提升计量、标准化、认证认可等专业的从业门槛，完善计量、标准化、认证认可等专业技术人员的职称发展体系，提高从业人员素质和从业积极性，充分发挥并提高现有质量技术人才的作用。另一方面，要加快培育更多高素质的国家质量技术基础专业人才，要制定好国家

质量技术专业的教育规划，在大专院校、科研机构等设立质量、计量、标准化、认证认可、检验检测等专业课程，打造好质量技术专业培训教育基地，或者建立专门研究机构，加大高层次质量技术人才的选拔、引进和培养工作力度。再者，要倡导高等学校、职业学校、科研机构和企业建立联合育才机制，培养高素质的质量技术基础复合型、专业化人才。

（三）拓展基础应用渠道

质量技术基础是保障质量水平、促进质量提升的抓手。国家质量技术基础的发展不仅是其本身建设水平的提高，更应包括其服务经济社会发展能力和水平的提升。要强化国家质量技术基础的推广示范，提高基础设施的使用效率和社会效益。一方面，要搭建公共技术服务平台，通过检测服务、标准引领、质量诊断、品牌扶持、诚信引导等措施，为各类科技园、孵化器、创客空间等提供全生命周期质量技术支持，为大众创业万众创新提供优质服务，为推动“三去一降一补”提供有效支撑。另一方面，要围绕新一代信息技术、高端装备制造、新材料、新能源、资源节约和高效利用等领域，加强国家质量技术基础研究和应用，服务战略性新兴产业，提升质量水平，促进可持续发展。再者，还要面向电力、水利、交通等基础设施领域的重大项目、重大工程，医疗健康、节能环保等民生领域，加强“计量—标准—检验检测—认证认可”技术链条化设计、一体化实施和集成化应用，帮助实现产业发展与国家质量技术基础的有机结合。另外，要开展国家质量基础设施协同服务及应用示范基地建设，助推中小企业和产业集聚区全面加强质量提升，构建统筹协调、协同高效、系统完备的国家质量基础设施军民融合发展体系，增强对经济建设和国防建设的整体支撑能力。

（四）延伸持续发展路径

质量技术基础的发展，除了要有充足的人、财、物保障和充分的能力施展空间，还需要可持续发展的路径方向。一方面，要围绕“一带一路”倡议、京津冀协同发展战略、大湾区城市群建设等，研究国家、区域以及行业的质量基础提升战略及措施，推进重点地区、关键行业、典型企业的质量技术基础提升应用，为进一步完善国家质量技术基础体系做好理论基础准备。另一方面，要加快国家质量技术基础与信息化的融合，大力推进“互联网+质量基础设施”模式，促进移动互联网、大数据、云计算、物联网和个性化定制等在国家质量技术基础建设中的集成运用，提升信息化服务能力。

五、提升国家质量技术基础的开放水平

国家质量技术基础是国家综合国力的体现，也是国际竞争的热点。我国要赶超国际先进，绝对不能闭门造车。要加强对外开放交流的力度，提升国家质量技术基础的国际化水平，实现我国国家质量技术基础从“跟跑”到“并跑”，最后实现“领跑”。

（一）着力引进国外先进智力资源

习近平总书记指出，“为政之要，莫先于用人”。世界范围内的竞争归根结底是人才的竞争。我国国家质量技术基础要发展，首先要学会聚才、用才。聚才、用才不能只盯着眼下，只顾着国内，而是要善于利用国际国内两方面的人才，也就是要“择天下英才而用之”。要着力引进国外质量技术领域人才智力，引入国际先进的质量技术基础设施与管理模式，及时跟踪全球质量技术基础发展前沿动态，学习借鉴国外最新的质量技术方法与经验，提高我国计量、标准、认证认可、检验检测与国际先进的一致性

程度。

（二）加快质量技术基础共建共享

当前，我国提出的“一带一路”倡议得到域内多数国家的认同。要抓住共建“一带一路”的有利契机，加快我国国家质量技术基础与沿线国家、地区质量基础设施的互联互通和共建共享，增强沿线国家人民对“中国制造”的质量信任；要推动引领多边、区域和双边国际技术性贸易措施的制定和互认，减少贸易壁垒，为中国制造“走出去”创造有利条件；要将质量基础设施建设纳入亚洲基础设施投资银行重点支持项目，为国际产能合作服好务；要对比先进提升我国质量技术基础，突破我国质量技术基础关键瓶颈。

（三）推动我国国家质量技术基础的国际推广

国际舞台上，谁掌握了规则、政策、规划等制定权，谁就掌握了游戏的话语权。我国要深度参与质量基础设施国际治理，积极参加质量技术基础国际性组织，提升实质性参与国际质量治理活动的能力与水平，强化国家质量技术基础的国际推广。要发挥好我国专家在计量、标准化、合格评定等国际组织中担任重要领导与技术职务的作用，推动在重要竞争领域影响或主导国际规则、政策、规划等制定，推动我国计量、标准、合格评定规则等在境外推广应用，加快我国质量基础设施的国际化步伐；要鼓励社会组织、产业技术联盟和企业积极参与质量技术基础的国际交流，大力宣传推介我国先进的质量技术，提升国际影响力。

参考文献

[1] 国务院．中华人民共和国国民经济和社会发展第十三个五年规划纲要[EB/OL].(2016－3－17).http：//news. xinhuanet. com/politics/2016lh/2016－03/17/c_1118366322. htm.

[2] 国务院．关于印发中国制造2025的通知［EB/OL].（2015－05－08）. http：//www. gov. cn/zhengce/content/2015－05/19/content_9784. htm.

[3] 国务院．关于印发质量发展纲要（2011—2020年）的通知［EB/OL].（2012－02－06）. http：//www. gov. cn/gongbao/content/2012/content_2068277. htm.

[4] 质检总局．质量监督检验检疫事业发展“十三五”规划［EB/OL].(2016－7－11). http：//www. aqsiq. gov. cn/xxgk_13386/jhgh/201607/t20160711_470066. htm.

[5] 支树平，等．新常态下国家质量基础设施建设研究［J]. 中国领导科学，2016（7）：9－12.

[6] 支树平．提高供给质量建设质量强国［J]. 行政管理改革，2017(1)：15－20.

[7] 支树平．建设质量强国迈向质量时代［R]. 北京：在中央党校春季班上的报告，2015.

[8] 支树平．强化检验检测作用　推进质量强国建设［J]. 现代测量与实验室管理，2017（1）：3－4.

[9] 陈钢．加强质量技术基础建设助推经济提质增效升级［J]. 行政管理改革，2016（10）：30－35.

[10] 质检总局科技司．NQI：夯实质量强国战略引领经济社会发展［J].

质量与认证，2016（4）：28－30.

［11］ 质检总局科技司．国际NQI蓬勃发展中国由跟跑转为并跑［J］．质量与认证，2016（4）：36－37.

［12］ 新华社．中央经济工作会议在北京举行［EB/OL］．（2016－12－16）．http：//news. xinhuanet. com/politics/2016－12/16/c_1120133804. htm.

［13］ 人民日报评论员．坚持稳中求进工作总基调［N］．人民日报，2014－12－13（001）.

［14］ 国家统计局．中华人民共和国2016年国民经济和社会发展统计公报［EB/OL］．（2017－02－28）．http：//www. stats. gov. cn/tjsj/zxfb/201702/t20170228_1467424. html.

［15］ 国家推进“一带一路”建设工作领导小组办公室．共建“一带一路”：理念、实践与中国的贡献［EB/OL］．（2015－05－10）．http：//www. cnzx. org/plus/view. php? aid＝529.

［16］ 钟新明．《计量法》是调整计量活动、支撑社会发展的基石［J］．中国计量，2015（9）：5－8.

［17］ 郑春荣，望路．德国制造业转型升级的经验与启示［J］．人民论坛·学术前沿，2015（11）：40－48.

［18］ 高延继．关于对标准化改革及《标准化法》修订草案的意见［J］．工程建设标准化，2016（11）：64－68.

［19］ 韩博天，奥利佛·麦尔敦．规划：中国政策过程的核心机制［J］．开放时代，2013（6）：08－30.

［20］ 赖静萍，刘晖．制度化与有效性的平衡［J］．中国行政管理，2011（8）：22－26.

［21］ 赵永新．抓住人才这个关键［EB/OL］．http：//www. qstheory. cn/science/2015－05/19/c_1115317653. htm.

［22］ 刘军．解决全球质量问题的终极答案——国家质量基础设施［M］．北京：中国计量出版社，2015.

[23] 黄剑文. 新加坡标准化工作的启示 [J]. 新经济, 2014 (2): 41-42.

[24] 吴清海. 计量对NQI实现向中高端水平迈进负有先行责任 [J]. 中国计量, 2016 (4): 9.

[25] 张银平. "供给侧改革"是面向全局的战略性部署 [J]. 上海企业, 2015 (12): 33-35.

[26] 蒋家东. 建设质量强国的目标与路径 [J]. 中国质量万里行, 2012 (5): 40-42.

[27] 吴生龙, 肖骏. 关于实施质量强国战略的几点思考 [J]. 质量与标准化, 2016 (08): 1-4.

[28] 李满力. 计量质量相互促进相互制约 [J]. 中国计量, 2014 (4): 25-26.

[29] 刘军, 杨志华, 权惠满. 计量在建设质量强国中的地位和作用 [J]. 中国计量, 2014 (7): 14-15, 33.

[30] 马晓河. "十三五"时期我国经济社会发展面临的机遇与挑战 [J]. 前线, 2015 (6): 15-17, 20.

[31] 周德文. "中国制造2025"中的质量要素 [J]. 中国技术监督, 2015 (6): 55-57.

[32] 史玉成. 计国计　量民生　促发展 [N]. 中国质量报, 2016-01-07 (02).

[33] 纪文. 认证认可　质量提升的重要手段 [J]. 质量探索, 2011 (6): 32-35.

[34] 钱彤, 郝亚琳. 习近平出席2014年国际工程科技大会并发表主旨演讲 [EB/OL]. (2014-06-03). http: //news. xinhuanet. com/politics/2014-06/03/c_1110968763. htm.

[35] 潘逸阳. 新技术革命与制造业再转移带来的机遇和挑战 [J]. 理论研究, 2013 (2): 2-9.

[36] 朱文斌. 关于政府职能转变的若干思考 [J]. 新西部, 2016 (02):

58 - 59.

[37] 张鹏. “十三五”新发展格局：“四个全面”战略布局下的五大发展理念 [EB/OL]. （2015 - 11 - 06）. http：//www.71.cn/2015/1106/846399.shtml.

[38] 汪同三. 在新常态下处理好政府和市场关系 [N]. 人民日报，2016 - 08 - 24 (007).

[39] 陈立民. 如何适应和引领经济发展新常态 [N]. 新华日报，2017 - 06 - 08 (011).